65个增添幸福感的收纳习惯

打理生活

［日］本多沙织 著
陈怡萍 译

前　言

　　你想让整理收纳成为习惯，想时刻保持房间整洁利落，那么我认为，最能带来动力的是先想象一下你理想的生活是什么样的。以我自己为例，画面会是这样：

　　——当我整个人在沙发上放松下来的那一刻，会马上沉浸在"啊，果然还是在家踏实啊！"的愉悦之中。

　　——早上起床，当我揉着惺忪的睡眼走到厨房时，会看到喜欢的厨具和器物整齐地摆放在各自的位置，然后一边冲咖啡，一边对自己说"又是新的一天啦"。我希望以这样的状态开始每一天的生活。

　　时常在脑海中留一个空间，保存一幅"理想生活"的画面，是促使你形成每天钻进被窝前整理桌上物品、将使用后的食器放回原处等良好习惯的捷径。

　　整理房间的时候，请不要将"整理"本身作为目的。

　　为了整理而整理，过程没有乐趣不说，也不容易保持精神高昂的状态。整理的目的是"为了在整洁利落的房间里实现自己理想的生活"，因此需要扔掉多余的东西，让有用之物各归其位，这些工作都是为了让"理想生活"的轮廓逐渐清晰。这样想的话，可以让整理这件事情变得更加正面积极。

在我写的前一本书《打造轻松整理的房间》中，为了使读者能够学到关于整理房间的有益经验，我以自己家为例，介绍了一套可以实现轻松整理的方法。而在接下来的这本书中，我再一次以自己家为例介绍此后一年自己不断摸索更新的收纳技巧，其中包括我在日常衣、食、住、行等各个方面的习惯和想法（旅行也包括在内）。

当然，我介绍的这样那样的小窍门，无非是自己为了实现理想生活所做的日常之事，希望读到这本书的朋友们，可以最大限度地享受自己的日常生活。

整理收纳咨询师
本多沙织

目录

前言 2
支持生活正常运转的"预支项目" 6
原动力，来自给予自己和家人的温柔 7

part 1 整理收纳

本多流・整理收纳的思考 10
我家的更新①客厅 12
我家的更新②厨房 15
我家的更新③壁橱 16
我家的更新④洗衣间&盥洗室 18
我家的更新⑤厕所 19
我家的更新⑥玄关 19
爱用的收纳工具完全图鉴 20
收纳没有正确答案 26
没有比"可视化"更胜一筹的收纳方法 28
为了不受物品支配 30
把家当作公司来经营 32
"完全说服自己"之后再扔掉 34
为扔不掉的东西找到代用品 36
定制的信息整理术 38
如何坚持记录家庭开销 40
鲜花和绿植的装饰方法 42
特别课程！儿童空间的整理方法 44

专栏[懒散派自我管理入门]
只做能坚持做下去的事 46

part 2 家务

事半功倍的快手必胜料理 48
冷藏室、冷冻室保持一目了然的状态 50
一次搞定所有工序 51
省时省力的烹饪方法 52
巧用煤气灶的烧烤功能 54
调料仅保留基本款 55
轻松洗碗法 56
餐具重叠放置，一次性洗好 57
"真佐子盖浇饭"的故事 58
快速"消灭"茶叶的小技巧 60
两个人的阳台居酒屋，开业！ 61
扫除要"简单"，"马上开始"是信条 62
扫除工具不是越多越好 64
"起码是这里！"得保住的要点 66
意外地，扫除不用花很长时间 68
懒散派・扫除法 70
特意放入占地方的洗衣篓里 72
运用收纳方法轻松处理洗好的衣服 74
我家的洗衣流程 75
超好用的洗衣物品 76

专栏[懒散派自我管理入门]
习惯能否持续，选择的物品是关键 78

part 3
衣装行头

衣装行头大公开！13件衣服，反复穿搭过8天　80
"劳模"衣服要低调　86
花纹要选基本款　87
要选就选优质品　88
睡前想好翌日穿搭　89
穿搭到了瓶颈期　90
不要让衣服来适应自己　91
重视家人的意见　92
几件内衣反复穿搭　93
"俯瞰"衣装行头　94
实际数一数自己所有的衣服！　95

专栏[懒散派自我管理入门]
统计过去的自己　96

part 4
选择物品

从不同角度来审视　98
仅有一处"用武之地"的物品不要带回家　99
从美不美观的角度出发　100
允许自己偶尔失败　101
皮革物品尽量用得久一些　102
购买的数量要符合自己的消耗节奏　103
网购术　104
语言也要有所选择　105
和钱包好好"谈谈"　106
超爱用的居家小物　107

专栏[懒散派自我管理入门]
化妆物品一件一件用　108

part 5
旅行

旅行，是换一种生活模样　110
本多流　松本·上田　2天1夜的旅行指南　112
松本地图/上田地图　113
第一步，旅行准备　114
第二步，收拾行李　116
旅途伴侣，爱车第一　118
旅行目的地的咖啡馆时间/挑选基本款礼品　119
提前选定想去的店铺　120
顺藤摸瓜，好店一网打尽　121
把旅馆的房间变成自己的房间　122
旅行地的晨间时光　123
旅行所求，无非日常之事　125

后记　126

支持生活正常运转的"预支项目"

很多人可能以为整理是"杂乱房间的事后诸葛亮"。既然是"事后诸葛亮",那么会拖延也是理所当然。

但是,试着把整理当作"下一步的准备"怎么样?

"为了开开心心地烹饪料理所做的厨房准备""为了早上高高兴兴地起床所做的起居室准备"等。如果房间杂乱不堪,那么在做真正应该做的事情之前,有一种工作叫作"**整理**"。

整理是给予未来自己的一笔投资,是为平常能够"愉悦"生活所做的"预支项目"。当你怀着愉悦的心情做完杂事后,可能会想用鲜花装点生活,也可能会想做一顿精致的料理,这是让生活走向丰富多彩的第一步。

体谅未来的自己,就会产生"昨晚的自己真伟大,谢谢啦!"这样对过去的自己的感激之情,并从中感受到整理这一行为的意义所在,这又会给未来的自己带来更多动力。当这种良性循环建立起来的时候,相信你家的"整理环境=整理收纳"体系已经获得成功。

原动力,来自给予自己和家人的温柔

结婚之前,生活的主人公只有我自己。因此家里的空间只要自己觉得舒服就可以了。比如,上班之前我会把房间和床铺整理好,之后才能安心出门。这样下班回到家后,整个人能够从内心得到充分的休息。

步入婚姻生活后,生活的主人公变成我和丈夫两个人。我时常有这样的意识,即家里不光是自己,要让丈夫回来后也产生"家才是最治愈的地方"这样的感觉。所以,我一看到哪里脏了就坐不住,或者在看到有弄脏的征兆出现时,会马上进行打扫,而且时常想着为丈夫打造一个能够充分休息的角落。给予和你一起生活的人多一点的体贴,这一点对营造和睦家庭不可或缺。

对于不擅长整理房间的家人来说,不要对"理想的生活"预设过高的标准,找到不给自己过大压力的整理方法很重要。对于喜欢随手放东西的丈夫来说,不妨在家里的生活动线上设置一个"随便什么都可以丢进去"的箱子。面对一个怎么管教都不愿意整理房间的孩子,可以尝试找到一个让孩子能感受到乐趣的方式来进行引导。无法整理的结果背后,有各种各样的理由。与其埋怨对方"为什么不整理一下",不如试着体谅对方,改变整理的策略。

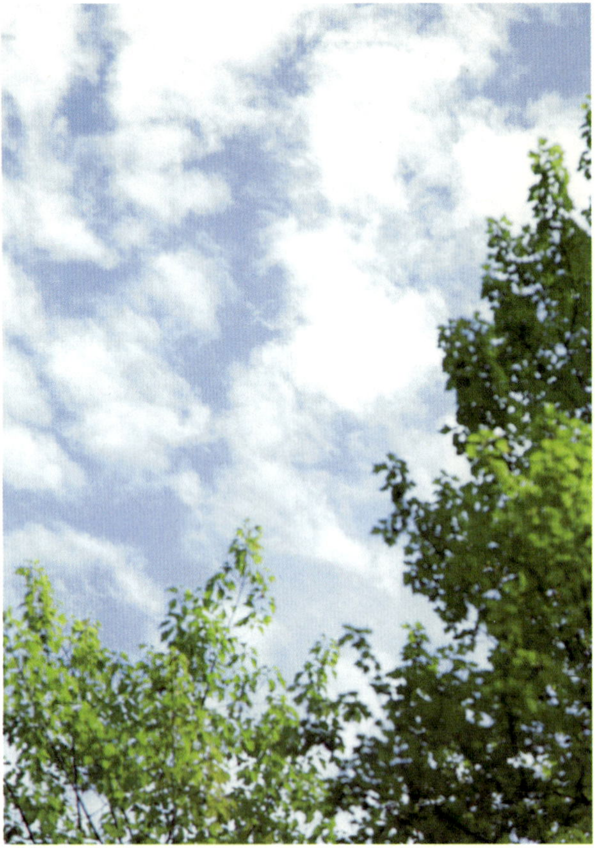

| part 1 |

整理收纳

整理收纳是对"生活中最想珍重的事物（信念）"的清点。拿我自己来说，我希望"通过更加轻松的整理和收纳，让自己有更多时间可以做喜欢的事情，或者享受更多的休闲时光"。这是我进行整理收纳的原动力。迅速处理完杂七杂八的事情，就能给自己真正喜欢做的事多空出一些时间。这也许是对谁都有用的事。

其次，伴随整理收纳的过程，在"要与不要""用与不用"之间做出的选择，相当于时刻在判断自己到底珍视什么、想过怎样的生活。那些不知道为什么留到现在的物品，是否真的有意义？试着有意识地面对那些至今为止在无意识中形成的习惯，就能发现房间散乱的真正原因。在这一章中，我希望让大家先意识到这一点。

本多流·整理收纳的思考

重新审视收纳的时候，希望你在心里留下这四件事，只要参照这个准则，按照自己的节奏努力，生活与收纳就会连接起来。

①如果不够轻松，不要继续

物品的存在不是为了被完美地收纳，而是为了使用。以更方便地使用，然后更容易地放回原位为目标进行收纳吧！

②把习惯和收纳结合起来

把物品放在它会被使用的地方，是最快速轻松的收纳方式。假如使用的地方和收纳的地方离得太远，就很容易把物品随手放在使用的地方。

③定义收纳空间

对于偶尔使用的物品，如果以"反正这里空着，就先放在这里吧"的暧昧理由收纳起来的话，就会常常忘记它们的存在。给不同的收纳空间做出定义，如"季节物品""预备空间"等，会让人产生收纳的欲望。

④原动力来自关怀心

在抱怨"家人什么都不收拾"之前，先问自己一句"是不是现在的收纳方法有难度"，再摸索尝试使收纳变简单的方法，尽量降低收纳难度。

温习
4步收纳法

1. 不要随手摆放物品

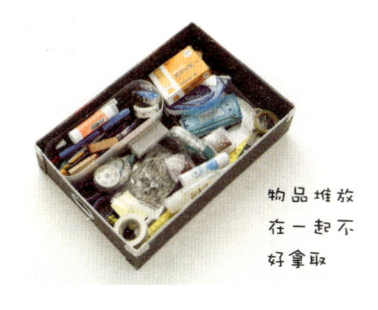

物品堆放在一起不好拿取

↓

2. 把物品全部取出来

3. 将物品分类

不要 / 要

↓

4. 分类收纳完成

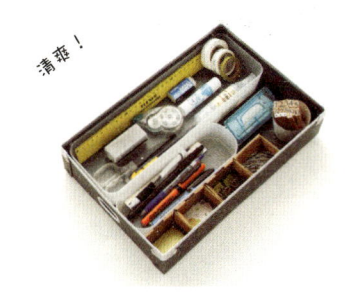

清爽！

务必把所有物品取出来

审视收纳最重要的是把所有物品都拿出来。这样可以全面把握物品的数量和内容。将所有物品按照"经常使用""偶尔使用""不使用""以后会用"进行分类。现在用不到，以后也不会用到的物品最好直接处理掉。实在舍不得扔掉的话，就放在其他地方让它们"沉睡"。

重新配置余下物品的重点是："经常使用"的物品放在容易拿取的地方，"偶尔使用"的物品则放在收纳空间的里侧或上方等不容易拿取的地方。在抽屉和整理箱上，也别忘记贴上写着内容物的标签。

我家的更新①
客厅

"一边生活,一边改变。"
自我写完上一本彻底介绍我家的书以来,大约过去了一年时间。
收纳是随着生活和自身感受的变化而不断进化的。
我家这一年发生了什么样的变化,有哪些改善?
如果能给大家提供一些更新居家空间的灵感,我会很开心。

整理前

减少放置在厨房的"第二梯队"文具,将其与电脑桌周围"第一梯队"的文具进行合并。

整理前

原本是把收纳空间内杂七杂八的物品都放进整理筐,现在则通过丢弃或重新规划收纳场所将整理筐撤掉了。

沙发下面装杂志的木箱放在视线所及之处更方便阅读,于是把它拿了出来放在沙发上。

要考虑的,是平时在客厅所做的事情

　　吃饭、处理工作、放松、阅读等,家里度过时间最长的地方就是客厅。我一直注意尽量让这个空间不仅简洁舒适,又能很容易地找到需要的物品,充分发挥空间的功能性。

　　比如,沙发上可以放一个木箱,装经常拿来拿去的杂志。这是为了可以在客厅"随手翻翻想看的杂志"而不至于忘记杂志的存在所花的小心思。同样,"为了使用而买回来的"护肤品套装也可以放进去。这些都是能够更方便地使用所需物品的收纳方法。

时钟/购自"PACIFIC FURNITURE SERVICE"　　白色靠垫/购自"D&DEPARTMENT"　　照明/IKEA※现已停产

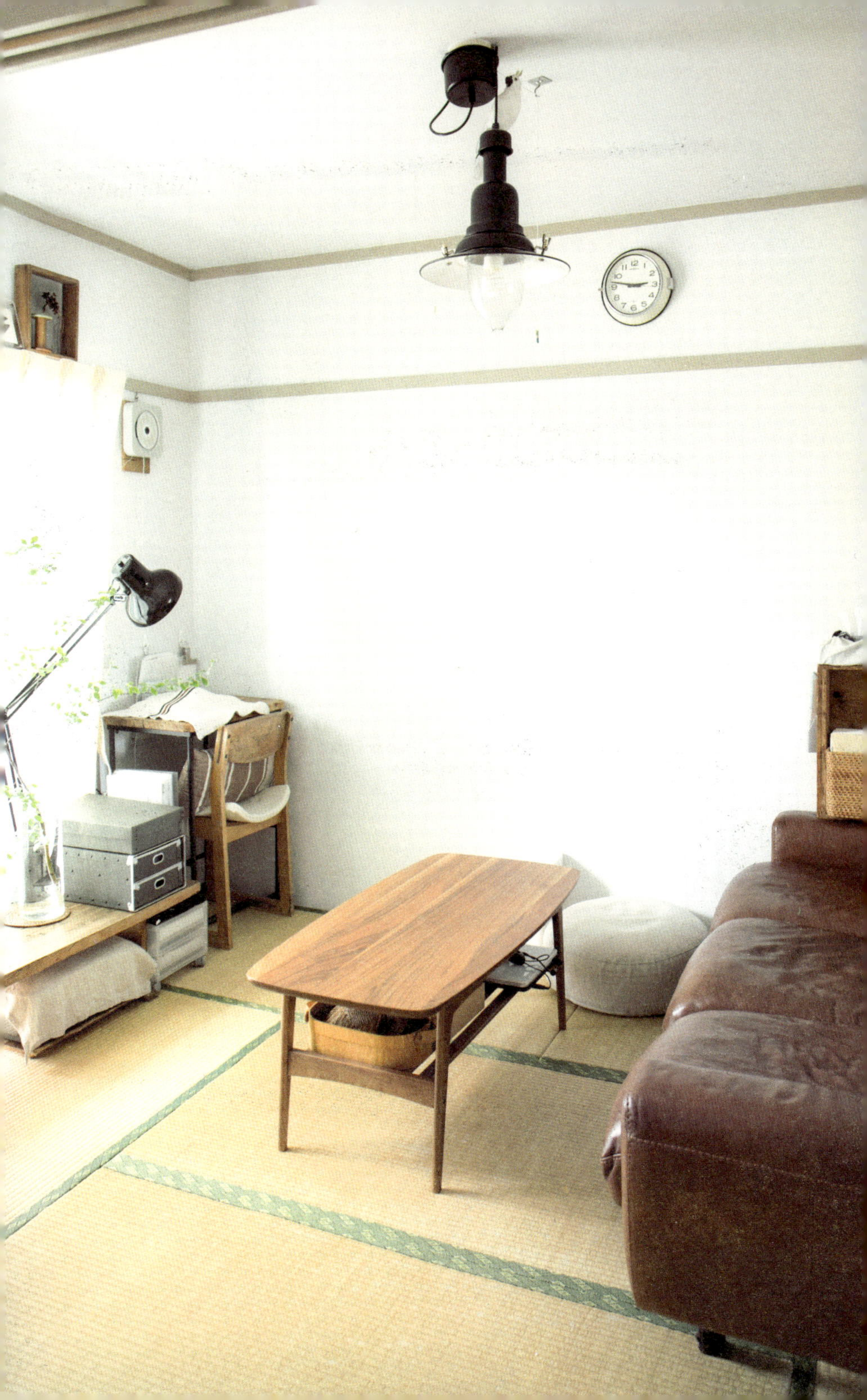

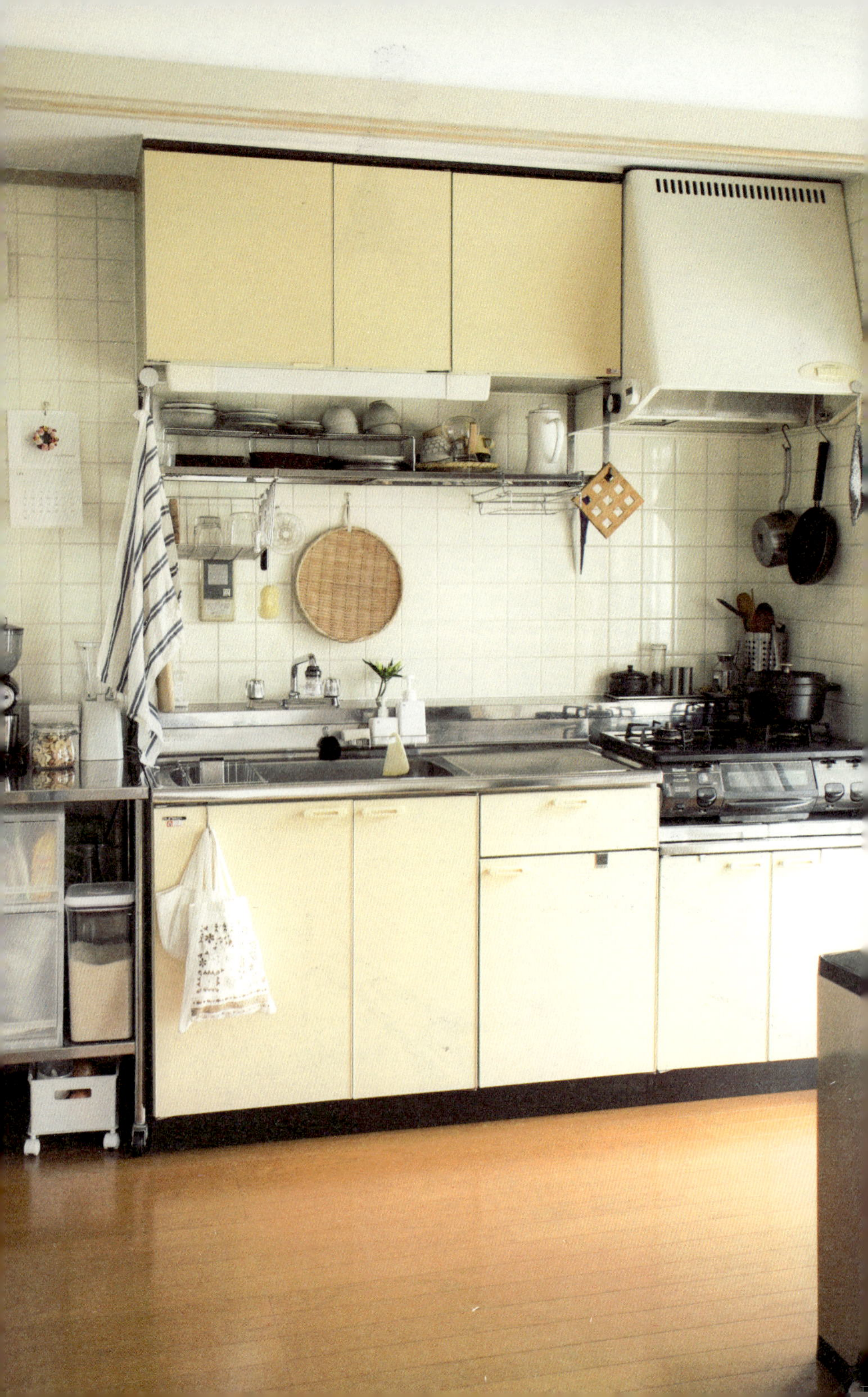

| part 1 | 整理收纳

我家的更新②
厨房

整理前

收纳容器更换为大号，大致收纳"第三梯队（不怎么用的）"物品。

超喜欢的餐具（三谷龙二先生制作的木制盘子，列入"第一梯队"。

一切以易打扫为优先原则，严格筛选悬挂式物品。

垃圾袋夹在硬纸板上，用皮筋固定，更方便抽取。

干货放在透明有把手的吊柜储存容器里。

灶台下方装设微波炉架子，可以临时放置碗和碟子。

整理前

将垃圾收集日用遮蔽胶带做成标签，贴在门背后。

在水槽下方设置储物空间，而且深处的保鲜盒也容易拿取。

沉睡半年的电饭煲，终于下定决心（第34页）扔掉。

最需要频繁审视的厨房

厨房是家中物品使用最频繁的地方。正因为各种各样的器具聚集在一起，所以稍微花一些心思，立刻就能给日常烹饪带来便利。

我最近按照使用频率，对餐具和其他器具进行了一番审视统筹，将经常使用的划为"第一梯队"，偶尔使用的划为"第二梯队"，基本上不使用的划为"第三梯队"。明确哪些物品可以扔掉，就可以有多出来的空间增添收纳用品，并且能将散落在柜子外面的物品收纳起来。

整洁利落的厨房，可以提高烹饪料理的积极性。

微波炉架子/mckinley　亚麻毛巾/OLDMAN'S TAILOR

15

我家的更新③
壁橱

选用口径大、方便使用的"Nitori"牌"圆形挂钩",除了收纳披肩以外,还可以用来挂腰带、背包、领带等。

顶橱里放置相册等使用频率低的物品。在吉祥寺的北欧风格杂货店"CINQ"淘到的标签,可以让顶橱里的物品一目了然。

整理前

把之前两段两列的抽屉换成现在纵深较深的三段一列。以前用支杆+挂钩挂起来的小包都可以放进去。

在日常护理身体的地方,将止臭剂(夏季)和润肤啫喱(冬季)固定放在一个位置。藤编筐来自无印良品。

空着的地方即是内心的从容

家中唯一自带收纳功能的空间就是壁橱了,它是保持家里整洁利落的关键,也是可以不断试错的重要对象。

这次我通过改变抽屉,腾出了更大的空间。这真的是个很机动的空间,可以用于临时摆放一些杂物。通常情况下,一旦有了闲置空间,马上会想"要不要放点什么呢",但这样是不对的,绝对是增加多余物品的元凶。有空出的地方,其实也代表内心的从容。为了下一次的充分利用,不妨让它就那样空着。

3层抽屉/Fits Unit(天马)
※44cm(宽)×74cm(深)×23cm(高)的盒子3个叠放,装有另外购买的小脚轮。

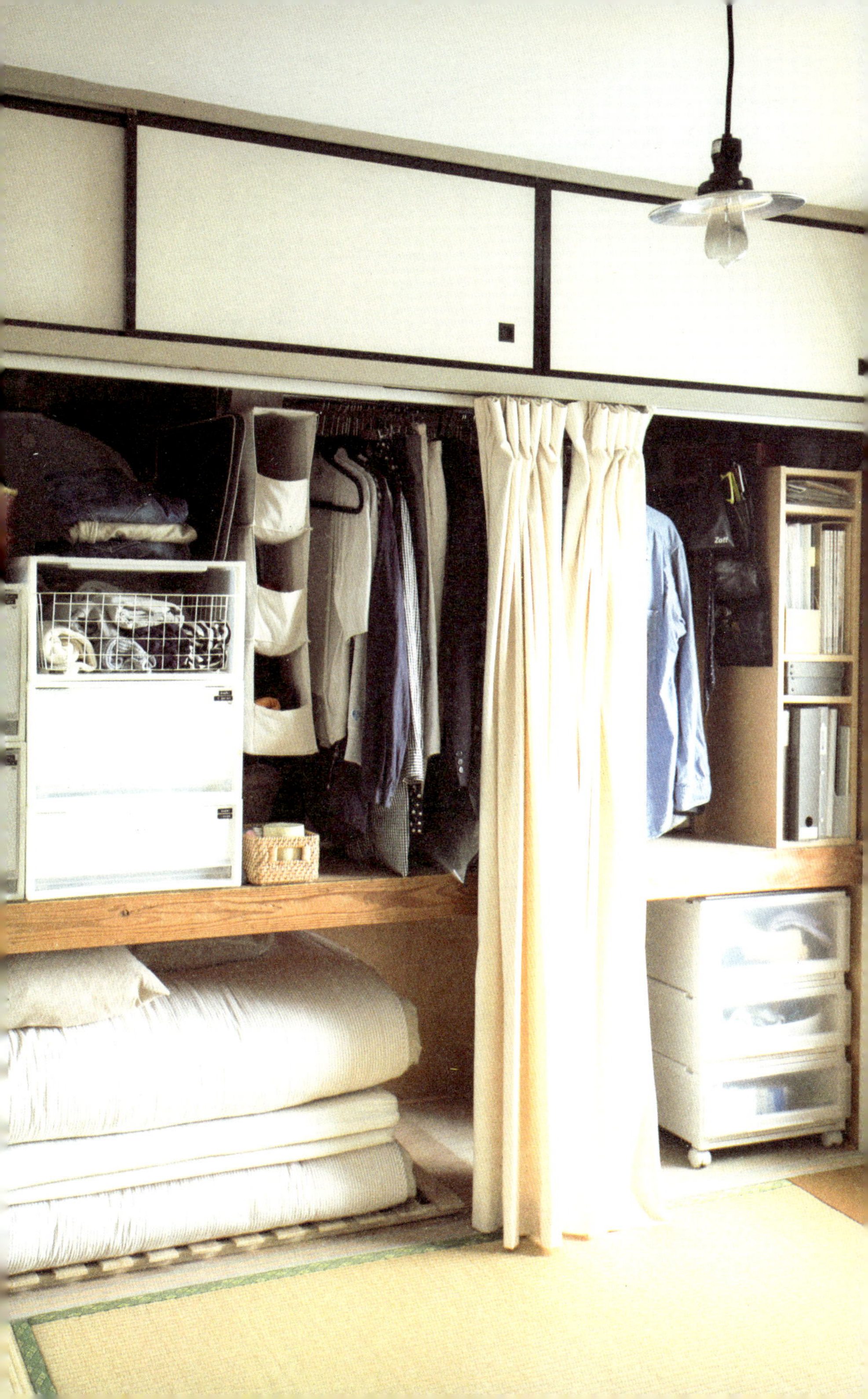
Zoff

我家的更新④
洗衣间&盥洗室

洗衣间内,满足最低需求的物品统一使用白色。

不在厕所里存放卷纸,而是直接放入这个筐里。

原本放在客厅的IKEA收纳框(参考第12页),用于洗衣间。

晾衣服用的衣架分门别类放在文件盒里。

即便使用方便,生活感还是要控制一下

我家没有换衣服的地方,玄关旁边是浴室,前面就是洗衣间。不同场所的直观印象很重要。各种各样的生活用品被收纳起来,不论物品还是收纳品都统一为白色,可以极大地减少映入眼帘的各种信息,这样一来,整个空间看上去就不会显得杂乱。

此外,洗澡后护理身体和洗衣服,总是越快越好。我一直以来都在摸索如何更高效地拿取所需物品并放回原位,终于达到了现在这样能够安心的状态。

收纳衣架的文件盒/IKEA 藤编筐/无印良品"可重叠藤编方形篮·大",带盖子

| **part 1** | 整理收纳

我家的更新⑤
厕所

我家的更新⑥
玄关

整理前

在抽水马桶的水箱和墙壁之间架一块横板，并配上S型挂钩，可以挂包或收纳可替换马桶刷的刷头。

鞋柜中常备去健身房时带的背包，装出门时可以马上穿的一整套行头包括鞋子等，随时待命。

改变生活的收纳，改变收纳的生活

　　为了保持马桶刷的清洁度，我把家里的马桶刷换成了自带清洁剂的商品——强生旗下的"Shut"品牌。

　　玄关也进行了大幅度的调整。丈夫有所觉悟一般地买回了几双"像样的成年人鞋子"，于是我就腾出了一块可以美观地摆放这些鞋子的空间（左侧纵向1列）。丈夫说"选鞋子穿时比以前更轻松了"，也破天荒地开始注意保养鞋子了，甚至还会帮我保养我的鞋子，真是应了那句话"好心有好报"啊。

可替换式马桶刷/强生 "ScrubbingBubbles Shut 可冲式马桶刷"

爱用的收纳工具完全图鉴

"想增加一些收纳用品，但是又不知道买什么"……你是否也有这样的困惑？作为一名提供过数百次整理收纳咨询服务的从业者，在此我一并介绍自己认为"真的会用到"的收纳用品。重点是，它们形状简单，可以在不同的空间和状况下反复使用。

※价格全部都是含税价。尺寸表示：W……宽、D……深、H……高

收纳箱类

No.1 文件整理盒
归类收纳。PP 文件盒·标准大小·A4 用·灰白色 约 W10×D32×H24cm 578 日元／无印良品 池袋西武

No.2 纸质文件整理盒
收纳闲置餐具。轻松组装式瓦楞纸文件盒·5 个一组·A4 用 约 W10×D31.6×H24.6cm 880 日元／无印良品 池袋西武

No.3 带盖整理盒
放置需要保管的物品，可写标签。KASSETT 带盖整理盒，黑色 约 W16×D26×H15cm 2 个一组 399 日元／宜家·日本

No.4 硬质纸浆整理盒
临时放置文件。质感像画纸。硬质纸浆整理盒·带盖·浅型 约 W22.5×D36×H8cm 1200 日元／无印良品 池袋西武

No.5 瓦楞纸整理箱
放置过季衣物等，用于顶橱收纳。ASKUL 淡茶色收纳整理箱（可组装）实惠装 1 箱（3 个一组）L 号 W29×D36.3×H31cm 白色 1760 日元／LOHACO

No.6 手编藤条筐
放置玩具或睡衣等。视觉美观。RIFFLA 藤编筐 直径 32cm、高 20cm 999 日元／宜家·日本

No.7 带轮木箱
放置玩具。儿童也可以移动，方便收拾。松木材质收纳箱·带轮子 W35×D35×H31cm 3000 日元／无印良品 池袋西武

No.8 钢丝整理筐
临时存放衣物或杂物。也可以用作洗衣筐。ALGOT 钢丝整理筐，白色 W38×D60×H14cm 350 日元／宜家·日本

| **part 1** | 整理收纳

No.9 抽屉用整理盒
与其他"SAMLA"品牌的商品组合使用，可以用作收纳工具。大小型号多样。SAMLA 内置式整理盒 11/22 L 号整理盒用 199 日元 / 宜家·日本

No.10 半透明整理箱
收纳园艺用品、洗涤用品等。材质透明可以轻松掌握箱内物品。SAMLA 整理箱，透明 399 日元 / 宜家·日本

No.11 整理箱盖子
No.10 的整理箱盖上盖子就可以叠放收纳。而且可以放在车里进行收纳。SAMLA 盖子 11/22L 号整理箱用，透明 100 日元 / 宜家·日本

No.12 布面带盖整理箱
放置衣物、床上用品、沙发罩等使用频率低的物品。收纳整理箱（无花纹 MO 45）W36 × D45 × H26cm 1190 日元 /NITORI

No.13 布面整理箱
布面柔软有弹性，方便收纳大型玩具等。聚酯棉麻混合面料·软质整理箱·L 号 约 W35 × D35 × H32cm 1500 日元 / 无印良品 池袋西武

No.14 自由组合式整理箱
存储收纳日用品等。大小型号丰富，可根据收纳物品自由组合。Fine Box W38 × D26 × H24cm 699 日元 /NITORI

No.15 可叠放整理箱
厨房抽屉里存放干货，或收纳招待客人时使用的餐具。可以自由组合叠放的箱子 大号 深型 105 日元 / 百元店大创

No.16 纸编整理箱
可以放置很多东西，手感柔软且通气性好。纸编整理箱·方形·大号 约 W37 × D26 × H34cm 1900 日元 / 无印良品 池袋西武

No.19 可手持整理盒
可以将物品进行区分的万能选手。也适合收纳茶和咖啡。VA RIERA 整理盒，高光白色 W24 × D17 × H10.5cm 399 日元 / 宜家·日本

No.17 网眼整理箱
色彩繁多，可以看到里面的内容物，适合收纳玩具。KUSINER 整理箱，绿色 / 湖蓝色 W36 × D26 × H26cm 799 日元 / 宜家·日本

No.18 半透明整理箱
可以看到里面的内容物，适合收纳小件物品。PP 便携整理箱·小号 约 W25.5 × D36 × H16.5cm 700 日元 / 无印良品 池袋西武

【使用示例1】
便当道具和制作点心的道具。

【使用示例2】
家人每人1个整理盒放置各自的小物品。

帮助竖立型

No.1 标准立式文件盒
可用于深口平底煎锅的立式收纳。PP 标准立式文件盒·A4 用 约 W10 × D27.6 × H31.8cm 578 日元 无印良品 池袋西武

No.2 立式邮件盒
临时存放邮件等。透明材质可以看到里面的内容物。丙烯立式邮件盒 约 W5 × D13 × H14.1cm 500 日元 / 无印良品 池袋西武

No.3 文件整理盒
可以将文件分类整理。外观低调。KASSETT 杂志夹，绿色 2 个 1 组 W10 × D25 × H32cm 399 日元 / 宜家·日本

No.4 A4 文件整理盒
可以用来收纳奶锅或煎蛋平底锅等小件物品，也方便收纳盘子等。A4 立式文件盒 105 日元 / 百元店大创

No.5 纸夹整理盒
放在厨房较深的抽屉里，可以用来对食品进行分类，实现立式收纳。A4 纸夹整理盒 105 日元 / 百元店大创

No.6 砧板架
砧板要立起来放才卫生。也可用作收纳托盘的固定位置。不锈钢砧板架 约 W13.5 × D10.5 × H9cm 550 日元 / 无印良品 池袋西武

No.7 分区立式置物架
厨房用具分区立式收纳。隔架位置可自由移动。浅筐、碗、平底锅用 标准大小 W51 × D20 × H17cm 999 日元 / NITORI

No.10 分区立式置物架
平底锅和锅盖、托盘等立式收纳，便于取用。苯乙烯 分区式 3 个分区 约 W27 × D21 × H16cm 893 日元 / 无印良品 池袋西武

No.8 透明置物盒
用于收纳书桌周围的文件、厨房托盘等。丙烯收纳盒·A5 大 小 约 W8 × D17 × H25.2cm 1200 日元 / 无印良品 池袋西武

No.9 钢制置物筒
厨房用品立式收纳。ORDNING（左起）直径 12cm、高 18cm 299 日元，刀叉用具用 高 13.5cm 199 日元 / 宜家·日本

【使用示例1】
在抽屉里立式收纳盘子。

【使用示例2】
托盘立式收纳，轻松应对。

| **part 1** | 整理收纳

区隔型

No.1 小分隔盒
放在厨房的抽屉内,实现刀叉用具和厨房工具的分类收纳。也可用于收纳文具。SystemBOX S·M·L 各 105 日元 / 百元店 大创

No.2 分隔收纳盘
可以调整分隔空间的大小,型号多样。PP 书桌内置整理盘 4 约 W13.4 × D20 × H4cm 220 日元 / 无印良品 池袋西武

No.3 分隔板
用于抽屉内部空间区分。大小可选。丙烯分隔板(3116-8)W31 × H8 × H16cm 349 日元 / NITORI ※ 部分店铺无货

No.4 厨房整理托盘
可用于冰箱内的空间区分,定位管理。也可置于水槽下方收纳洗涤剂等。冰箱整理托盘 窄型·宽型 各 105 日元 / 百元店 大创

No.5 宽型厨房托盘
可用于冰箱,也可置于橱柜中收纳各种杯子,拿取方便。冰箱托盘 宽型 105 日元 / 百元店 大创

No.6 丙烯整理盒
分区多,推荐放在抽屉里收纳做便当用的小纸杯和拨片等小物。丙烯制 105 日元 / 百元店 大创 ※ 已停产

No.7 整理盒
和 No.1 一样,用于厨房抽屉和文具的分隔收纳。半透明,垫板质感。厨房整理盒 S·M 各 105 日元 /Seria

No.10 长形整理盒
用来收纳长柄汤勺和筷子等。该系列型号多样。PP 整理盒 2 约 W8.5 × D25.5 × H5cm 160 日元 / 无印良品 池袋西武

【使用示例1】
刀叉用具和厨房小工具。

【使用示例2】
笔类以外的文具收纳。

No.8 布艺整理袋
放在衣物抽屉中,用于细小物品的立式收纳。不织布收纳用分隔袋·中 2 件装 约 W16 × D38 × H12cm 500 日元 / 无印良品 池袋西武

No.9 挂钩式文件袋
桌上散落的文件分类装入文件袋,挂在墙上。A4 sortedmono 1995 日元 /Esselte Japan

23

空间有效活用型

No.1 带把手整理箱
即使放在高处也可轻松拿取，收纳物品一目了然。（左起）吊柜整理箱 W17×D31.5×H22cm 893日元 宽型 W22cm 1260日元 /EBISU

No.2 布艺带把书收纳袋
方便在高处进行收纳。质地轻盈，可轻松拿取。SKUBB整理袋，白色 W31×D34×H33cm 1490日元 / 宜家·日本

No.3 工字形区隔架
透明材质，下面的物品一目了然。丙烯区隔架（左起）W26×D17.5×H16cm 720日元 H10cm 540日元 / 无印良品 池袋西武

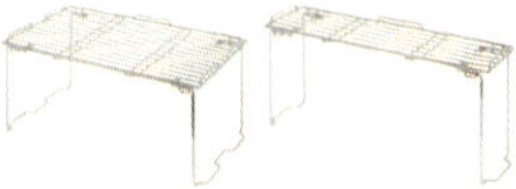

No.4 厨房搁架
钢架牢固，性价比高。可以大小重叠组合使用。厨房搁架（左起）大号 W44.5×D27.4×H20cm 599日元 小号 D13.6cm 499日元 /NITORI ※2014年3月上旬发售

No.5 餐盘收纳架
收纳餐具，方便一次性全部拿取。如图所示，可以三段叠放使用。餐盘收纳架 W18×D20×H20cm 2个装 290日元 /NITORI

No.6 悬挂金属挂架
充分利用水槽下方门后的空间。用于收纳密封袋等袋装物。Smart HangSeries 自由悬挂式金属挂架1层 公示价格 / SHIMIZU

No.7 悬挂式金属挂架（小）
将2根支棒悬挂起来，会使收纳的可能性无限增大。Hanging钢丝挂架 约W22.5×D18.7×H13cm 105日元 /Seria

No.10 磁贴式置物筐
贴在洗衣机上可以收纳瓶装洗涤剂，贴在冰箱上可以收纳保鲜膜等。磁贴式置物筐 内尺寸 W20×D9×H10cm 499日元 / NITORI

No.8 磁贴式置物架
贴在玄关门内侧，固定放置钥匙、印章等。钢面亦可粘贴的置物架 W22×D6.7×H6.5cm 1200日元 / 无印良品 池袋西武

No.9 悬挂式金属挂架（大）
较No.7的挂架尺寸大，可收纳更多物品。OBSERVATOR clipon basket W30×D31×H18cm，银色 299日元 / 宜家·日本

【使用示例1】
增加橱柜内的收纳场所，放置小碗碟。

【使用示例2】
放在玄关处，作为包中小物的存放位置。

| part 1 | 整理收纳

悬挂型、粘贴型

No.1 悬挂式夹子

用于厨房，可悬挂抹布等，我也用它来挂牙膏。不锈钢悬挂式夹子·4个1组 400日元/无印良品 池袋西武

No.2 万能挂钩

不仅可以挂腰带，还能悬挂披肩和小包。可同时挂多件物品，充分利用墙面空间。腰带挂钩（IK-MO）199日元/NITORI

No.3 悬挂式迷你收纳筐

收纳抹布、海绵和洗碗刷等，放在要用到清扫用品的地方附近，很方便。外观好看。小型悬挂筐 白色 105日元/Seria

No.4 大尺寸S形挂钩

如果S形挂钩比较大，也可用于衣橱里的横杆上。可悬挂小包和小物。GRUNDTAL S形挂钩，不锈钢材质 5个装 179日元/宜家·日本

No.5 门楣挂钩

可用钉子固定在门楣上，无须在墙上开孔，租房一族的利器。材质透明，不显眼也很讨喜。透明门楣挂钩 105日元/Seria

No.6 柳木挂钩

可固定在石膏板墙壁上。用来悬挂孩子的幼儿园背包和制服。可固定于墙壁的家居用品·挂钩·柳木材质 自然色 800日元/无印良品 池袋西武

No.7 收纳袋

收纳厨房使用的笔、剪刀、笔记本等。专用固定带和挂钩一起使用。可挂在门上的收纳用品·袋子·小号 700日元/无印良品 池袋西武

No.10 无痕挂钩

不用打孔即可安装。可贴在门背面等各种各样的地方。高曼牌挂钩（M号）公开价格/住友3M股份有限公司

【使用示例1】
贴在门背后，用于挂砧板。
※ 这是大号

No.8 万能挂钩

披肩、腰带、小包、领带等都可悬挂收纳。直径大，适合各类物品任意悬挂。挂钩 2个装 199日元/NITORI

No.9 小物挂钩

用于衣柜中悬挂腰带、领带等。我家是在墙上挂帽子。表面起毛材质，防滑。装饰·小物挂钩（MO）99日元/NITORI

【使用示例2】
挂在门背后，收纳平底锅。

收纳没有正确答案

我为客户进行上门整理收纳服务时，被问到最多的问题是："其他人是什么情况呢？"

我完全明白客户的这种心情，不过实际上其他人的做法几乎无法作为参考。为什么这么说呢？因为居住空间的大小、收纳的容积以及家族的构成、生活方式，甚至价值观都是千差万别的，所以没有哪两个家庭会拥有完全一样的答案。

我们最该探索的不是收纳的"正确答案"，而是不断更新更适合自己的收纳方法。与其抱着来自收纳这件事的压力过日子，不如对自己说"不管怎么样先试试这个方法"，自由地进行试错训练。

不要受困于"应该按照杂志教的方法来收纳""应该全部收进橱里"等各种"应该"。要抱着"这样做的话似乎比之前更容易些"之类的目的来探索。

| **part 1** | 整理收纳

想要扔掉的"应该"

应该填满缝隙

一旦有了缝隙就想用无意义的物品来填满,这个行为可以停止了。这些缝隙,能成为收拾和购买物品时心里的那份从容。

应该使用收纳用品

这是收纳爱好者多数会掉入的陷阱。重视收纳没有错,但是如果没有想清楚使用时的情况,就会导致收纳的物品不够清晰,而且归位时也会增加麻烦。

应该让同种类的物品集中在一块儿

遵循"护肤用品要放在卫生间""杂志必须放在书架上"等死板教条的收纳方式,其结果就是等到要取出时会觉得很麻烦,甚至不会再使用。物品就要放在使用它的地方。

"这个"应该放在"这里"

例如,我丈夫习惯每天早上一边看电视一边剃胡子,那么剃须刀放在卫生间就不如放在客厅更便利。比收纳更重要的是习惯。

没有比『可视化』更胜一筹的收纳方法

　　"东西到处散落""不能轻松收拾"的状态，其共通之处是将收纳变成"不可视化"。

　　物品不是有就行了，而是要进行管理。不过，全靠脑子记住物品的所在之处，是不可能的。看不到物品的话，很快就会忘记它们放在哪里，甚至根本想不起来它们的存在。

　　为了掌握所有物品的状况，"可视化"是比任何收纳方法都重要的一点。不要让这个物品埋在那件物品下面，用浅形抽屉分装，并且在装有同类东西的收纳用品上贴好标签。

　　收纳这件事，就算不用严格区分也可以一目了然——这一"可视化"的原则要常常记在心里。这样做的话，你就能在想使用一件物品的时候，毫不费力地取出它。

| **part 1** | 整理收纳

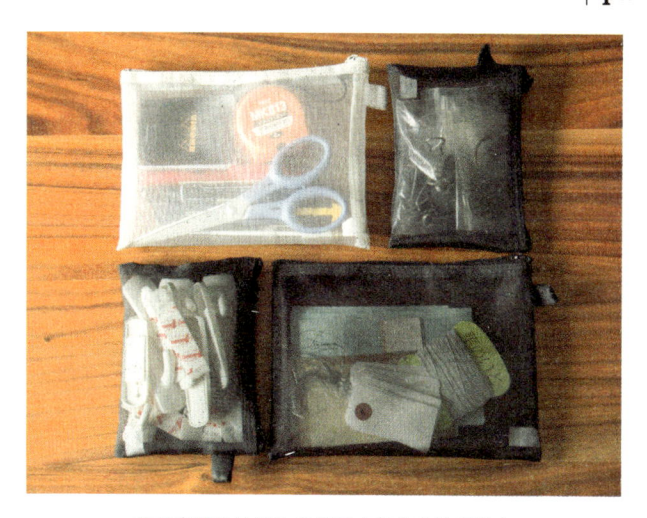

铁则①将物品装入看得到内容物的整理袋内

例如网格整理袋,就是不用打开就能知道物品所在的好东西。特别是办公用具,再也不用放在包里到处找来找去了。"可视化"和"分类化"可以提高工作效率,也可以提醒自己别丢三落四。

铁则②看不到内容物的收纳用品,务必贴好标签

看不到内容物的收纳用品,有让视觉效果变得利落整洁的作用。在这种情况下,务必使用标签来标明其中的内容。即使是每天使用的东西,人们一时之间也可能会忘记。减少由于一时迷惑、想不起来而造成的压力吧。

网格整理袋/无印良品　白色塑料瓶/无印良品　图标标签/"Tepra"图标

为了不受物品支配

　　派不上用场的物品堆满房间,想扔却扔不掉,收纳工具和储物架不断增加,房间变得越来越拥挤……像这样陷入"受物品支配"状态的人不在少数。尽管"如何扔掉东西"这件事情很重要,但是我想大声呼吁的是,从一开始购买的时候就要慎重考虑啊!

　　"从今天开始可以为我家效力吗?""有没有轻松收纳的空间?""自己有没有相似的物品?"这种近乎严苛的审视恰到好处。

　　放弃一度想要的东西难,二话不说买下来却很容易。但是,如果这样一直重复下去的话,总有一天会反而受物品支配,这一点是万万不可忘记的。

| **part 1** | 整理收纳

{ "三大"不知不觉囤积起来的物品 }

支配房间的不只有买回来的东西。成为陷阱的,还有"0 元"的东西。"因为是免费的",所以就带回家,这种行为持续下去的话,很可能会成为房间收拾不利落的罪魁祸首。

用这样的方法解脱!

第1位 纸袋、塑料袋

"说不定以后会用到",所以攒下来

"说不定以后会用在什么地方",像这样使用场景会浮现在脑海中的物品最容易囤积。但是大量囤积的话,用的时候又难以选择,平时也占地方。

→

全部放进一个大袋子

设定一个最大量。纸袋的话控制在"这个纸袋装满为止",塑料袋的话控制在"这个收纳盒装满为止"等。(使劲塞进去不行。)

第2位 赠品

"很划算啊",就拿回来了

那些圆珠笔、手巾等购物赠品、纪念品,基本上都是用不着的东西。

→

过量拿取就是损失

同一种用途的物品过剩的话,会造成使用不便和乱堆乱放。拿之前想想,是否比现在喜欢用的东西更值得拥有。

第3位 一次性筷子和调羹

"拿就拿了吧"

经常有机会拿到的一次性筷子和勺子,而且结账时说"我不需要"也挺消耗力气,所以很容易囤积。

→

主动说出"不用了"

囤积那么多,实际使用的机会很少,扔在厨房又会显得乱。所以,要使"我不需要"这句话成为习惯。

31

把家当作公司来经营

可以把家当作一个公司来看。社长就是管理整个家的自己,社员是家里的各种物品。好的公司一定有少数精锐员工,其中每一个人都会为公司尽力工作,而且与社长有着深厚的信赖关系。

站在社长的角度纵观整个家里的情况时,有没有发现明明不是特别重要的部门,却有很多员工在重复同样的工作内容?雇佣员工势必会涉及"引进成本""管理的劳力""空间成本"等诸多经费。

然后,因为不好好工作的员工而吃亏的永远是认真工作的员工。为了让勤勉的员工可以踏踏实实为公司效力,早日被社长发掘,这时就需要进行裁员。"餐具间科""水槽下科""衣橱科",这些地方在使用时哪怕感受到一丁点儿压力,都要用更加严苛的眼光来审视。

当达到少数精锐的程度时,家里只有"工作着"的物品,整个家就不会出现囤积的现象,而是呈现充满活力的面貌。

为了当好手段高明的社长

首先,在日常工作中,将目光放在全体社员是否都在工作上。有没有每天光是趴在工位上却领着工资的社员?

这个物品可以让家人获得幸福感吗?有没有常常让社长陷入"这个怎么办?这个放哪里?"的困惑?对于这样的物品,因为总觉得

| **part 1** | 整理收纳

挺喜欢的，所以想要留下，却找不到用武之地，并且今后被束之高阁的可能性也很高。

其次，隔三岔五就要实施"个人面试"。特别是当你发现拥有数个相似功能的物品时，需要进行"裁员"判断。减少物品，给空间留出余地，也可以让其他物品更好地发挥功能，公司（家）整体都会高效运转。

在我提供整理收纳服务的客户中，不少人"不清楚自己家物品的数量和其他人相比多不多"。但是所谓合适的量，也是因人而异。能够为自己和家人效力的物品，需要保持在可以掌控的范围之内，这一点非常重要。

面试

T恤衫在抽屉里挤成一团。真正发挥功用的"有力社员"很难被发现时，就需要面试。

待裁人员

除了"完全用不到"之外，"看上去很方便但实际上没穿过"也是"裁员"的判断标准。

清爽！

保留少数精锐部队，出动才够及时。当选择变得简单、衣服的数量也变少时，搭配的余地会更大。

『完全说服自己』之后再扔掉

收拾房间的时候，常常要面对"虽然没用过，但是又舍不得扔掉"的物品。实在不知道如何处理，这个问题很难也很重要。有的人给自己定下规则，比如"犹豫的话就处理掉""○○期间不用的话就处理掉"。但是，最好的规则是既让自己在扔掉时不会感到压力，也能够接受物品被处理掉的现实，且没有过多留恋。

我的做法是，对于犹豫不决的物品，先放在难拿取的地方（物品的第三梯队区），让它"沉睡"一阵子。半年或一年后，重新面对它，假如觉得"还是扔掉好"，就跟它彻底告别。

比如我家的电饭煲。有一次我的客户对我说"米饭还是自己蒸的好吃"，我听完也想试试。尽管如此，还是没有扔掉电饭煲的勇气，于是我用风吕敷（包袱布）把它包起来，放在水槽下方的储物空间内，让它先休息一下。没想到，厨房没有了电饭煲，反而给人一种清新爽利的印象。在之后的半年里，电饭煲一次出场的机会都没有。我用普通锅蒸的米饭好吃又省时，只需约20分钟。我甚至都快忘掉以前用电饭煲蒸饭这件事了。后来终于完全说服自己没有必要留着电饭煲，这才痛快地把它处理掉了。从那之后，我家过上了不用给电饭煲留位置的生活。

不扔掉，而是让物品"沉睡"的优势在于你可以轻松地尝试，也可以反悔，不需要给自己的心理带来负担，直到自己从内心完全接受以后，再对物品进行取舍选择。

假如"不知道要不要扔掉的物品"数量过多，也可以先把它们

| **part 1** | 整理收纳

集中在一个大纸箱里隐藏一段时间。在这段时间内，如果一次都没有打开过这个纸箱，甚至连里面装了什么都想不起来的话，我想你应该可以接受"真的不需要它们"这个事实了。

如果是衣服的话，我建议让很久都没穿过的衣服"沉睡"，留下会觉得"这么少的衣服够穿吗？"程度的衣服，进行反复搭配。也许你想不到，但其实这些衣服足够穿了。同时，你会真切地感受到"衣服变少后，选择轻松、收纳轻松，而且可以好好爱护每一件衣服"。当然，这个方法不仅限于衣服，对你拥有的一切物品都适用。

还有一点别忘记，"沉睡"的物品不能让它们一直"沉睡"下去，必须创造重新审视它们的机会。根据我的经验，90%的物品都可以被愉快地处理掉。

尝试让物品"沉睡"一阵子

不需要马上扔掉，可以先收起来，这样也便于尝试。比如放在箱子里或者用风吕敷包起来，总之先从视线所及之处挪开。

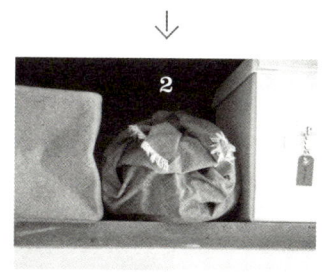

↓

没有也不会觉得困惑的实际感受

觉得"说不定会用到"，于是试着让物品"沉睡"，结果在半年甚至数年间，一次都没有取出来过。

↓

处理掉

对于自己生活中没有用的东西，如果能完全说服自己，就能毫不犹豫地处理掉，之后也不会后悔。我也有花了5年时间才处理掉的包。

35

为扔不掉的东西找到代用品

还有一种情况：这件物品至今没有用过，明明知道以后也不会用到，所以让它"沉睡"了很久，但还是没办法下决心扔掉。理由到底是什么呢？

"好不容易买下来，都没怎么用过就扔掉岂不太浪费了。"

"还干干净净的，实在不忍心扔掉啊。"

这种心态我完全明白。但结果还不是"既没扔，也没用"吗？问问自己，扔掉这件物品会感觉"没有它很不方便"吗？事实上，你很有可能连拥有过它这件事情都想不起来。如果是这样，不如扔掉它们，使收纳空间变成自己从容、愉悦地放置真正喜欢的东西的地方。

如前所述，与直接扔掉相比，先保存起来在心理上更容易接受一些。这和比起忍着不买一口气买下来更轻松是一个道理。我认为，这两件事都不关乎物品选择，只是行为上选择了"在当时的情况下心理负担更轻"的一方。

然而，这种行为的结果就是物品多到没法收拾，真正想用的物品却找不到，压力由此而生……从长远来看，与其被自己一时的情绪困住，不如与这些物品坦诚相对，给它们做出去或留的判断，这样做更划算。继续囤积没有必要的物品，心理负担只会越来越重。

| **part 1** | 整理收纳

想象一下扔掉之后的情景

其次，还可以这样来思考：想象一下生活中没有了那些扔不掉的"物品"会是什么样？假设扔掉之后发现有一天必须要用，你有没有替代品？

我家以前组装橱柜的时候要用到铁锤，我想也可以"用布包住坚硬的东西来代替"，于是当场解决了这件事。如果你每次只要冒出"好想要"的想法就购买的话，家里的物品当然会不断增加。对此我个人的经验是，只有遇到没有某个东西不行的情况3次以上，才会考虑去买。

我家的替代品示例

使用频率低的锤子
擀面杖裹上布后，可以替代锤子。虽然也可能无法实现复杂的用途，但是用这个完全应付得来。

专用的餐具替代品
没有专门放甜点的玻璃碗和汤碟，但是可以用盛饭或小菜的小号白碗来解决。

有许多客人到访时用的杯子替代品
当有许多客人来时，需要提供两种不同的饮料。杯子不够的话，在纸杯上贴好标记就行了。

定制的信息整理术

大家对于时时进入的信息是如何收集、整理的？

  大多数人的做法是，不管怎么样先把这些纸张收起来。放在这儿、贴在那儿或者塞进文件夹里。信息的出现是为了"帮助人们实现想做的事情"。如果不能在需要它的时候马上取出来，就不会进入付诸行动的阶段。这些信息是确定自己以后要看才留下来的，所以在管理时要尽量做到"视觉上一目了然"。

  与收纳一样，需要自己摸索适合的管理方法。当产生"想要这个"的想法时，我会自己动手制作工具。比如面对"喜欢贴标签"的自己，不妨就用这个办法，说不定会带来更多的灵感。

手帐/无印良品

| **part 1** | 整理收纳

不把名片保存在卡片夹里

放在卡片夹里的话,相互关联的人既不容易找到,也可能漏掉,所以我会把名片分门别类用夹子夹好,保存在名片盒里。

手帐要用便利贴

把信息写在便利贴上进行管理,可以综合关联信息,还可以贴在日历等地方。

制作专用日历

把去健身房的日子都用贴纸贴上,制作简单的日历。"完全没有去过""这个月挺努力的",这样一来自己的行动状况就会随之浮现出来。

把购物清单贴在钱包上

将要买的东西写在大号便签上。出门时贴在钱包上,到超市后则可以贴在购物篮内侧,不用一直拿手举着,方便查看。

名片整理盒/无印良品 "PP救急用品盒"　钱包/ARTS&SCIENCE

39

如何坚持记录家庭开销

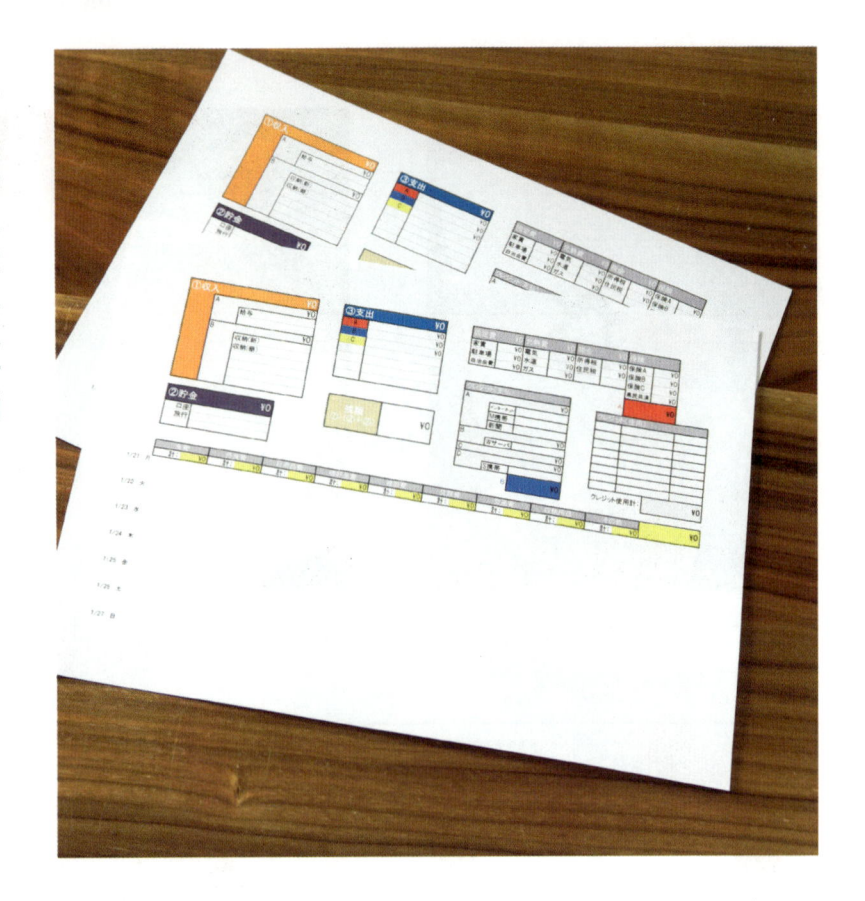

　　我是笔记本狂魔，至今为止家里的记账本都是我用 Excel 表格自己做的（增加了市面上的家庭记账本所不具备的内容），然后打印出来，全部手写。虽然我喜欢手写，却因为对数字不太擅长，导致更新频率总是很低。现在我不再打印表格，而是在电脑上直接记录，这样还可以利用软件自带的计算功能。

　　重要的是，我对类似"讨厌计算"这样的事所带来的压力有自觉，会想办法解决这个问题。这也是我能做到坚持记账的重点所在。

　　这是每个人"想要坚持做些什么"时都通用的法则。不要试图逃避任何一点儿压力，而是要去探索是否有解决办法。从减轻日常生活中的小负担做起，坚持下去，生活会轻松得让人吃惊。

| **part 1** | 整理收纳

购物小票放在视线可及之处

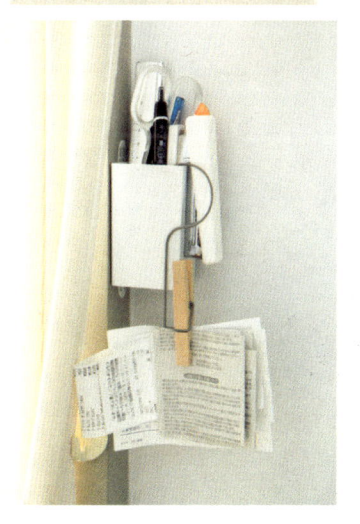

购物小票用夹子夹住,放在电脑桌的显眼处。这样可以随时看到,促使自己行动起来。

表格化!

利用电脑表格工具,即使在月中也会进行自动计算,可以看清楚自己目前为止的花费。

银行卡、信用卡的明细

有时在外面也需要记录家庭开支,而网络明细到哪里都能查阅正是它的一大优点。因为可以看到过去的花销记录,所以我非常重视它。

活用带拉链的密封袋

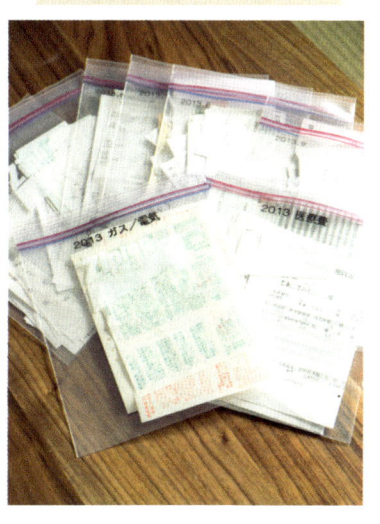

为了报税,每个月的小票都收纳在带拉链的密封袋中。如果你是公司职员,推荐用来保管医疗费用的小票。

41

鲜花和绿植的装饰方法

我每个月都会买2~3次鲜花来装饰房间。这种小小的奢侈却能让生活充满愉悦，也是给努力的自己的一次奖赏。而房间里的花凋谢后，自己会觉得非常失落，而且从心底渴望绿色。

我不光喜欢花，对植物枝条也颇为青睐，每年5月都会买很多满天星的枝条。对6帖（编者注：在日本1张榻榻米的面积叫作1帖，1帖约为1.54平方米。）的房间来说可能显得有些多，但是我每次看到它们时都会得到很多能量。而且，这种枝条可以保持数月之久。

我每次买花的花店"Yadorigi"（琦玉县川口市）老板常说："荷兰是注重节约的国家，但是每个家庭都保持着时常用鲜花作装饰的习惯。我希望日本人也能养成这样的习惯。"家里有花的话，自然而然就想让房间变得整洁呢。

| **part 1** | 整理收纳

果实植物

果实会带给房间丰富的表情。当你躺在沙发上随意一瞥时,视线中的那一抹绿色会因为有果实而完全不同。

植物枝条

这是满天星的枝条。营造出房间里有树木的感觉,会使生活充满生命的气息。能持久保鲜的特点也让人欣喜。

吊挂式绿植

一个挂钩即可利用墙面空间。下垂的绿植装饰中常春藤比较多,与视线平行的位置有绿色的话也不错。

放入大花瓶

小花瓶容易埋没在细碎的日常用品中。大花瓶则像是庭院里的标志树木,会让房间给人留下印象。

特别课程!

儿童空间的整理方法

每一次参加活动、每一次成长，都会使儿童房中的物品随之增加。
对于还没有太多收拾房间能力的小朋友来说，自己也可以进行简单整理的空间才是最理想的。

整理前　　　　　　　　　　　　　　　　　　　**整理后**

实例 1

资料

期望：
孩子可以轻松收纳玩具
操作场所：
玩具房

这次我进行作业的房间，是一个还在上幼儿园的女孩的房间，里面堆满了衣服和玩具。为了节约每天换衣服、准备随身物品的时间，我希望缩短房间与客厅的距离，因此在入口处设置了放衣服的抽屉。旁边的架子，则收纳使用频率较高的玩具。

整理后

外出用品
即使是偶尔使用的物品，如果集中收纳起来，在用的时候也能很容易地找到它们。

整理后

衣橱
小朋友对开关门还不太熟练，所以可以收纳使用频率低的玩具。

整理后

过家家角落
零碎的物品，集中放在蓝色的整理筐里。

对孩子来说，容易找到和放回玩具的地方、分类过程不烦琐等简单明了的收纳方式才是最好的。为此，控制拿出来的玩具数量是关键。应该拒绝囤积超出孩子所能掌控数量的玩具。父母的角色是帮助孩子营造一个能够将玩具"放回原处"的空间。站在孩子的角度，去追求一种"能放回去·想放回去"的收纳体系吧。

客户的感想

减少玩具数量后，收纳空间宽松了许多，孩子和父母对玩具的数量都能轻松掌控。现在不仅孩子玩得轻松，而且收拾起来轻松多了。女儿也产生了"让玩具们回家"的使命感，可以自己收拾房间了。

| part 1 | 整理收纳

整理前　　　　　　　　　　　　　　　　　整理后

实例2

资料
———————
期望：
小朋友可以自己管理、安排物品的位置
操作场所：
儿童房间

这是一个上小学的女孩的房间，不管什么时候书桌上都摆满了物品。物品的收纳空间也比较凌乱。所以即使母亲再三叮嘱"好好收拾房间"也无济于事，为此母亲很是烦恼。我和她的女儿一起，按照"正在使用的课本""用过的课本""收到的信件"等不同类别愉快地完成分类，并规划好了各自的收纳场所。

整理前　→　整理后　　　　　　　　　整理后　　　　　　　　　整理后

书包放在课本附近
书包即使放着也可以轻松取出书本，第二天的准备工作也会变得轻松。而且常用课本就放在旁边，方便随时拿取。

标记固定位置
为了养成把书包放在固定场所的习惯，用标记胶带明确了范围。

纸张收纳
按照"作文""暑期作业"等分类，用透明文件夹收纳，贴好标签。

整理后　　　　　　　　　整理后

书桌上只有常用品
最低限度的文具和削笔刀，立式文件盒用来收纳喜欢的笔记本。还有游戏机放置区。

零碎文具放在抽屉里
收集的铅笔和橡皮，一格一物，以清晰分类为原则。

客户的感想

零碎的物品有了固定的收纳场所，这样一来，即使有了新物品，孩子也可以自行判断它们的收纳地方。贴标签的效果很明显。另外，最受孩子好评的是书包的放置处，这使得准备工作变得更轻松了。最近，孩子也开始在收纳方面花心思，还在书桌上装饰了鲜花！

45

专栏　[懒散派自我管理入门]

只做能坚持做下去的事

最近一年，我每天早上都自制蔬果汁。搅拌机基本就放在推车上，只要把每日所用的蔬果去皮丢进去即可。就算早起后大脑还处于无意识的状态，也可以完成这一系列动作。

刚开始的时候，我和丈夫两人每天都会确认对方的"皮肤光泽感"。这样每天持续下去，就会变成习惯，自我健康管理的效果也日渐明显起来。

只是一味告诉自己"努力坚持下去"的事情，通常持续不了多久。而不需要努力也可以做到的事情（比如"美味""简单""对身体好"等）、自己所关心的事情，和对自己有好处的护理，自然会坚持做下去。

果汁搅拌机/无印良品

part 2
家务

我自诩为"生活爱好家",对我来说,烹饪、清扫、洗衣服等家务,一方面是"不得不做的事情",另一方面也是"特别想做好的事情"。家务是一种一偷懒就会堆积起来的事。此外,餐具和毛巾等消耗品总会不断减少。家务像相互咬合的齿轮一样,一个环节停下来的话,所有环节都会停滞。而且,越是拖延,心里的负担就会越重,所花的工夫也就越多。正因为是不得不做的事情,所以如果让每一个环节都轻松起来,就能带来更大的幸福。尽量不要有负担、顺畅地完成家务,这是需要花很多心思的。好的家里会有好的"空气"在流动,我认为在家里,通过心和双手的努力,能让这种"空气"生发出来。

事半功倍的快手必胜料理

我的头衔是整理收纳咨询师，因此总会被认为是家务全能型人才。很多人会说："您料理做得一定也很棒吧！"但是实话实说，我对料理并不擅长，是那种即使会做也不想做的类型。相比于做饭给别人吃，我更喜欢别人做给我吃，我就是这样的人。

所以，对于烹饪的各种要素，我最重视的就是"省时"！为此，我会按照每周两次的频率，集中对蔬菜进行预处理。切一切或者煮一煮，这样的"作业"没有那么辛苦，而且有这个环节和没有的差别也很大。预处理的蔬菜可以装在透明的保鲜容器里，放入冰箱储存。以前，蔬菜全部放在冰箱的蔬菜区，现在则装在透明容器里，很容易从侧面掌握里面的内容，于是我将它们改为放在冰箱主区域的固定位置。这个小动作简直效果超群。当你打开冰箱门时，里面"有什么"和"用了多少"一目了然。

使用这些预处理的蔬菜烹调料理时，我的风格是以简单菜品为主。基本上是"用这个做沙拉，用这个做汤"的程度。起初为了充分利用各种食材，我还看了很多菜谱，后来发现没办法贯彻执行，导致会剩下很多食材。

对我来说，不造成负担的轻松料理法就是，切一切、煮一煮就可以完成的简单烹饪法。

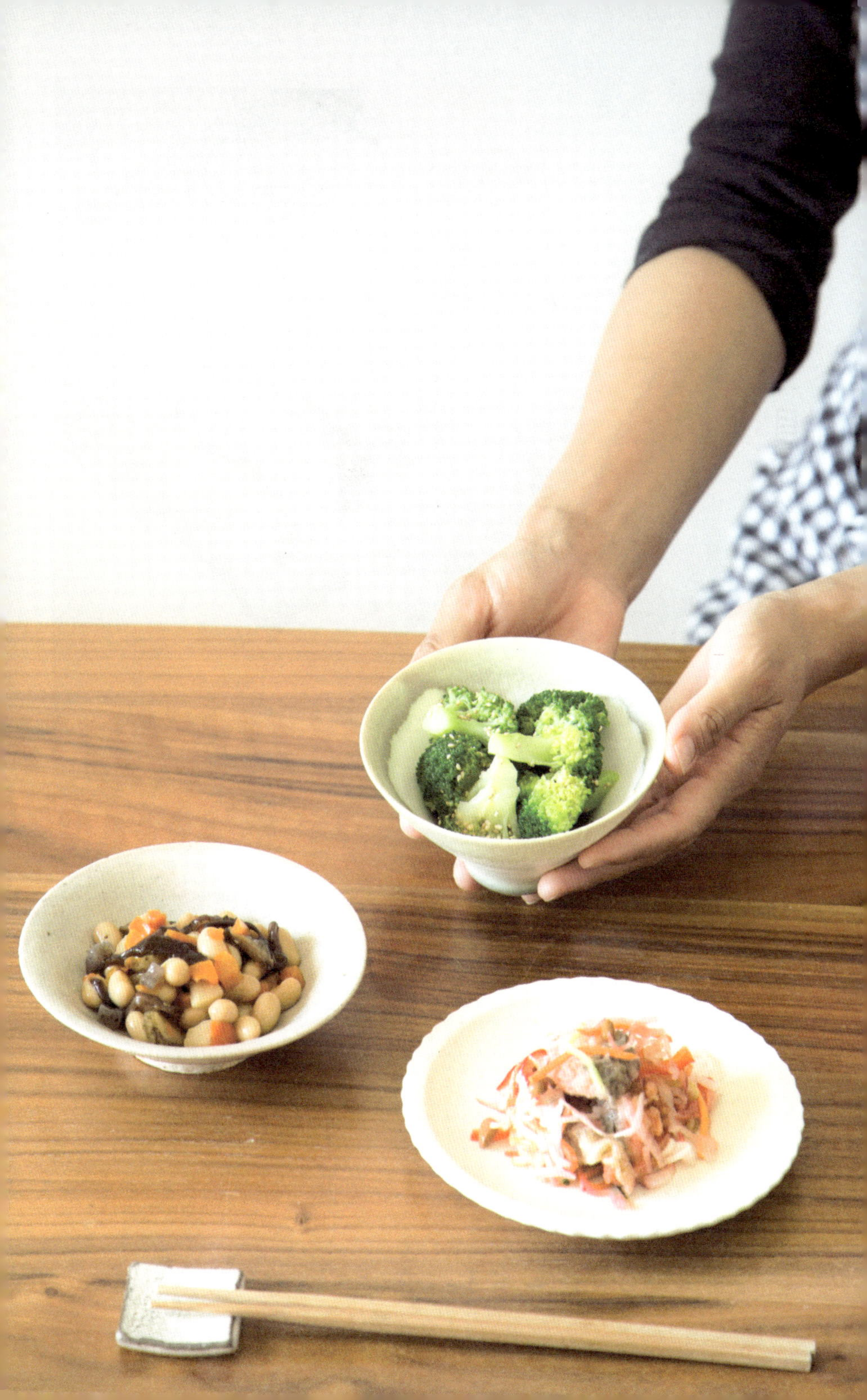

冷藏室、冷冻室保持一目了然的状态

　　什么样的收纳都是一样的,"不分类就看不到的东西"最容易被人遗忘。

　　食品因为有保质期,更需要加强管理,但是冰箱的门如果长时间开着,烹饪的兴致就会下降。所以,冰箱里需要有一眼就能够看到的"可视化"场所。我会把"饮料系列""早饭系列"等,分装在相应的整理盒里,保存在固定的位置。

　　对于冷冻室的管理,密封袋总能派上大用场。"开封后的冷冻食品""切成小份的肉""现成小菜"等,都可以用"可叠放的丙烯CD盒(无印良品)"做到竖立式收纳。把数份速食冷冻米饭集中起来,也可按照同样的大小竖立式收纳。为了实践这种收纳方法,我撤掉了冷冻室的抽屉,结果发现用起来方便了很多。

| part 2 | 家务

一次搞定所有工序

一次性改刀
用大号砧板，从一头开始切。同时用深点的平底锅烧热水。

一次性去皮
不要停手，一次性去皮。"OXO"牌的去皮器，很好用。

一次性保存
在大号容器里面用小号容器进行分装。取出时很方便，做沙拉也很轻松。

一次性焯水
蔬菜焯水时善用笊篱。将热水留在锅里，然后各种蔬菜接着轮流焯水。

　　这是我在咖啡店厨房工作时，学到的烹饪小窍门。"需要用的蔬菜从冰箱里拿出来，统一去皮！""去皮之后，统一改刀！"

　　同一动作一口气重复进行，"取出——去皮——改刀"，比每处理一种蔬菜都重复一次的效率更高。

　　焯水也是如此，用同一锅水一次性完成。由于不同种类的蔬菜焯水时间不同，可以错开时间，比如把容易熟的蔬菜放进笊篱快速焯水、把会焯出浮沫的蔬菜放在最后等，一边统筹安排，一边完成工作。开水不需要太多，节能又环保。

　　对专业人士来说，焯不同种类的蔬菜时，会在开水里面加入不同量的盐，但是对我来说，烹饪最重要的一点是轻松。我每天都在探索，有没有更好的办法让一件事情可以日日重复。

省时省力的烹饪方法

腌肉时，100g 一份进行冷冻

将酱油、酒、料酒、蒜、蜂蜜适当混合，加入 100g 的肉、洋葱、柿子椒等腌制后冷冻，简单易学的一道快手菜。没用完的烧肉料汁，还可以用来调味。

烹调中，巧用铝制器皿

不妨多准备几个分量轻，而且不容易破损的铝制器皿。预处理食材时，可以用来临时放置蔬菜，也可以用来给笊篱沥水，非常便利。入锅时，可以将食材一股脑儿倒进去，比起将全部东西放在同一个餐盘或者砧板上更轻松。而且，在露营的时候也很实用。

铝制碟/在销售食品店专用料理器具的"TENPOSAB馆"购入（二手品）

| part 2 | 家务

较深的平底锅也可作为普通锅来用

较深的平底锅可以作为普通锅来使用。煮菜、煮意面、做咖喱都行。由于面积大，所以适合各种类型的料理烹调。比普通锅洗起来更轻松，也是一大优点。

用不锈钢小盆放垃圾，不需要三角角落架

进行第51页的作业时，蔬菜的皮、蒂等杂物及垃圾可以临时放在小型不锈钢盆里。由于可以任意移动，比起费时费力又占地方的三角角落架我更推荐它。

不锈钢盆/柳宗理

巧用煤气灶的烧烤功能

煤气灶的烧烤功能不光可以烤鱼，还可以烤制蔬菜。不需要调节火力大小，只需要把食材放着就可以，对我这个怕麻烦的人来说，是最合适不过的功能了。

第51页介绍的蔬菜预处理法，除"焯水"之外，我还推荐"切薄片后用盐、蒜泥凉拌"。腌制一天就可以入味，剩下的工作就是烤制，非常简单。"只要烤一下就能多加一个菜"，你也完全可以获得这样安心的感觉。

虽然说所有蔬菜都好吃，但是最推荐的还是红辣椒、西葫芦、茄子和杏鲍菇等。它们可以用同样的火力进行烤制，关键是切片的厚度要一致。烤制过程中不需要翻面，5分钟就能做好。

| **part 2** | 家务

调料仅保留基本款

　　我给自己规定，放在家里的调料，只有酱油、酒、料酒等最基本的东西。这是因为我以前买过很多喜欢的调料，但是大多数情况下都用不完，最后只能扔掉。

　　比如，经常出现在菜谱里的葡萄酒醋，我就从来没有在保质期以前用完过。因为喜欢自制泡菜，还专门买过料汁，结果最后还是剩下了。所以我一直在想，既然这样，找找可以用谷物醋替代葡萄酒醋的菜谱不就好了吗？

　　尽管如此，有时还是会有自己想尝试的调料，那么购买时一定要选最小剂量。即使是蚝油这种有时会使用的调料，也仅在需要的时候进行少量购买，没有必要常备。

密封容器/Cellarmate　装有芝麻的调料瓶/在"TENPOS AB馆"购入

轻松洗碗法

作业台也是水池的一部分

要洗的东西特别多时,不要勉强把它们塞进水池,而是可以将它们先放在作业台上,清洗结束后再擦干作业台即可,轻松又省事。为此,平时不要在作业台堆放东西,而是要保持干净利落的状态。

收拾的时候充分利用削刮器

清洁蒸饭后的锅、吃过咖喱的碟子等器皿时,先用削刮器去掉大块污渍,这样可以使污渍不易浸入清洁海绵,延长海绵的使用寿命。清洁水池的时候,也可将削刮器当作小笤帚使用。

削刮器/LEC

part 2　家务

餐具重叠放置，一次性洗好

　　如左页那样，利用作业台洗碗的时候，把最大、最深的餐具（或者是烹调用具）放在最下面，其他餐具依次重叠摆放。这样一来，冲水的时候从上至下，泡沫自然会被冲刷干净，节水又环保。

　　正如不需要特别准备三角角落架一样，费力又占空间的清洁桶实际上也不需要，将餐具叠放在一起就足够了。

　　我虽然不擅长烹饪，但是与需要优秀品味的烹饪手艺相比，洗碗这件事只要埋头苦干就总会有结束的时候，所以并不是一件苦差。而且，让我乐在其中的是思考如何更有效率地完成工作。

　　和蔬菜预处理的出发点一样，"一个工程一口气做完"是快速、轻松完成工作的秘诀。

『真佐子盖浇饭』的故事

真佐子女士是我学生时代打工的咖啡店的老板娘。我和她不论工作还是私交都很不错,她给我的价值观带来了很大的影响,而且她和她的丈夫都可以说是我的人生导师。真佐子擅长烹饪,但是她除了本职工作外还有副业,再加上要养育孩子,实在忙得不可开交。比起花时间做那种精致料理,她有一套自己做快手菜的独特菜谱,我也从中受益良多。

在我家大受好评的正是"真佐子盖浇饭"(我命名的)。这道菜不仅制作简单、美味可口,而且营养搭配合理,尤其可以作为来不及做复杂料理时的居家菜。

制作方法:

- 在碗里盛好饭,上面铺一层昆布丝。
- 依次放入纳豆、牛油果、豆腐(嫩豆腐最好)、半熟鸡蛋(或生鸡蛋的蛋黄)。
- 撒上海苔丝和芝麻,淋一点醋或酱油。根据个人口味还可以加入芥末。

完成!完全不用开火,操作真的简单。

吃的时候全部搅拌起来,就可以大快朵颐啦。这种做法不仅使食材照顾到了营养均衡,而且在"喜欢大口吃饭"的男性中也广受好评。虽说常常用来当作早饭,但是晚餐的时候,也可以加一点生鱼片和三文鱼。转眼之间,就可以变成一碗豪华海鲜盖浇饭。

盖碗/陶艺家·加藤仁志先生 酱油壶/陶艺家·远野秀子女士

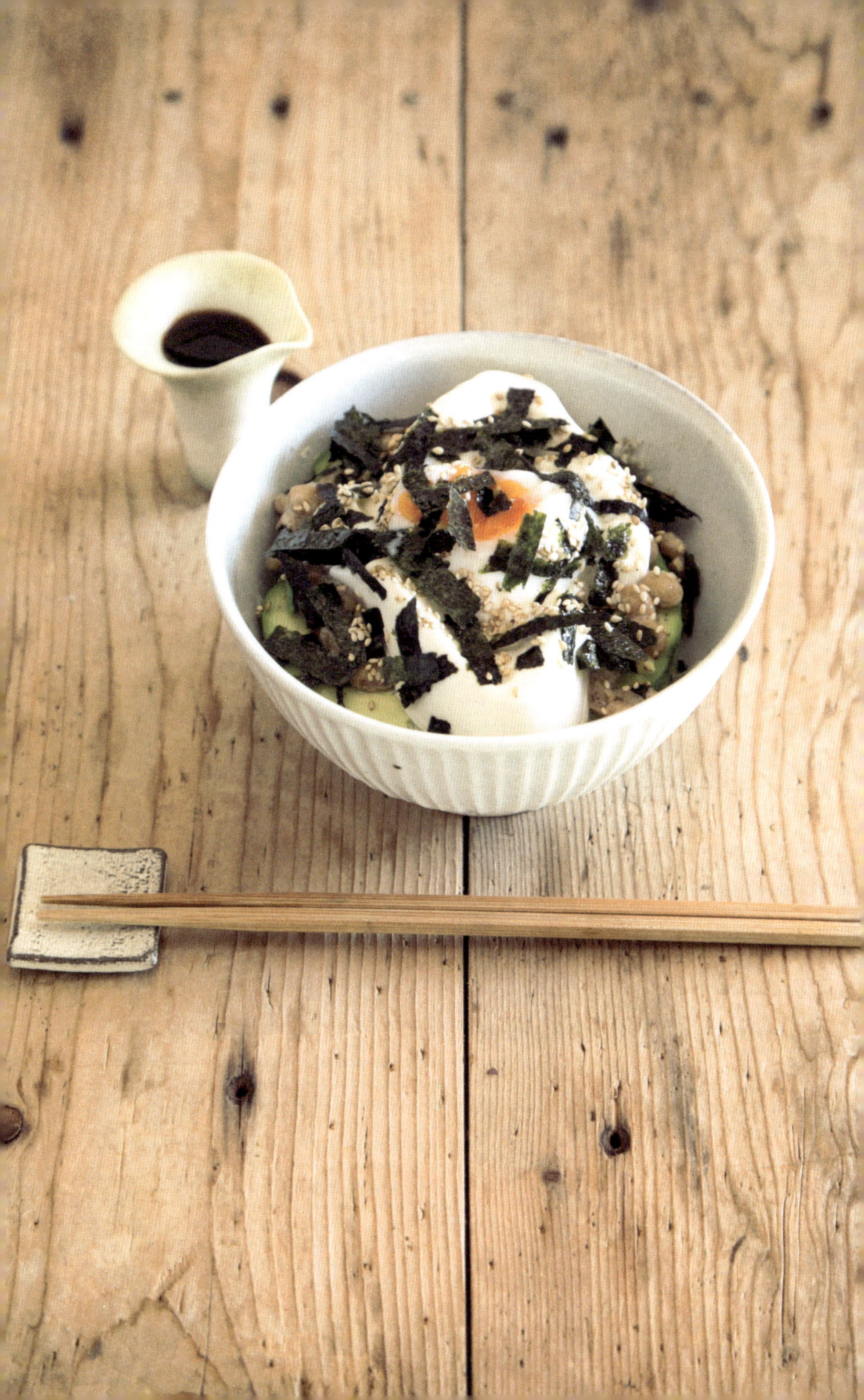

快速『消灭』茶叶的小技巧

不管是买来的还是别人送的，不知不觉中，各种茶叶开始在家里堆积。厨房里，没有喝完的茶叶快堆成一座小山，你家里有这样的情况吗？

这些茶叶似乎总也喝不完的理由其实很简单。它们没有处在"马上就能喝"的状态。打开橱柜，找东西的时候顺便打开袋子闻一下……这一连串的动作，光是想象一下就觉得很累，结果就是"好麻烦，还是来一杯烘焙茶吧"。

我推荐的方法是，把茶叶放进透明的容器里，外面贴上名字，放在目光容易停留也容易拿取的地方。其次，提前把茶叶放进茶包。比较重要的是"知道是什么茶"，而且"毫无负担立刻能泡"。调料和辣椒酱也是如此。头脑里要常有"可视化"的意识。

玻璃容器／（左起）ChaBatree、WECK、IKEA

| **part 2** | 家务

两个人的阳台居酒屋，开业！

　　喜欢喝啤酒的人，一定知道这些事。"外面的啤酒怎么这么好喝？""从天色还亮的时候开始喝的啤酒，才是最好喝的！"

　　这样看似在家不可能做到的事，其实不用出家门也可以实现，这就是"阳台居酒屋"。我要推荐的是，找一个清风徐徐的傍晚，一边眺望着时时刻刻都在变化的天空，一边享受着啤酒的味道，简直是人间至高的幸福。

　　以前，我自己一个人在阳台喝酒的时候，由于在意路人的眼光，还会稍稍背过身去小口喝。现在和丈夫在一起的时候，不知为什么胆子变大了，于是我们在空调室外机上铺一块布，放几碟下酒的小菜，堂堂正正地开起了"居酒屋"。

　　这便是鼓励自己明天继续努力的日常微小幸福。

扫除要"简单"，"马上开始"是信条

我虽然喜欢干净，但是很怕麻烦，因此对扫除这件事情所做的努力只有一个。

那就是"发现脏了马上行动"。

虽然这样琐碎的扫除看上去很麻烦，但是，污渍长时间堆积后，一次性清扫又会消耗很大能量。另外，如果对脏的地方视而不见，时间越久就会造成越重的心理负担。所以从总量上来看，随手扫除才是最轻松的途径。

想要做到随手扫除，就要训练自己发现脏了以后，手马上像条件反射一样动起来，将"马上行动"变成一种习惯。为此，需要的是可以马上投入扫除的客观条件。

例如，觉得洗抹布晾干保存太费事的话，可以把一次性抹布（比如将不用的布剪成抹布）放在家里的各个地方。玄关的地垫可以用马上要扔掉的拖把头来擦拭。橱柜和沙发后面最容易积攒灰尘，因此在伸手能够到的位置放一块手持除尘拖布非常实用。特别沉重的吸尘器用起来很麻烦，不妨试试"Makita"牌的轻便型手持吸尘器，可以把它挂在家里的中心位置。

总之，用最简单的办法来保持洁净是懒散派的作风。扫除虽然很麻烦，但是通过几分钟的行动，就可以带来轻松愉悦的心情，所以也是大有价值的家务劳动。

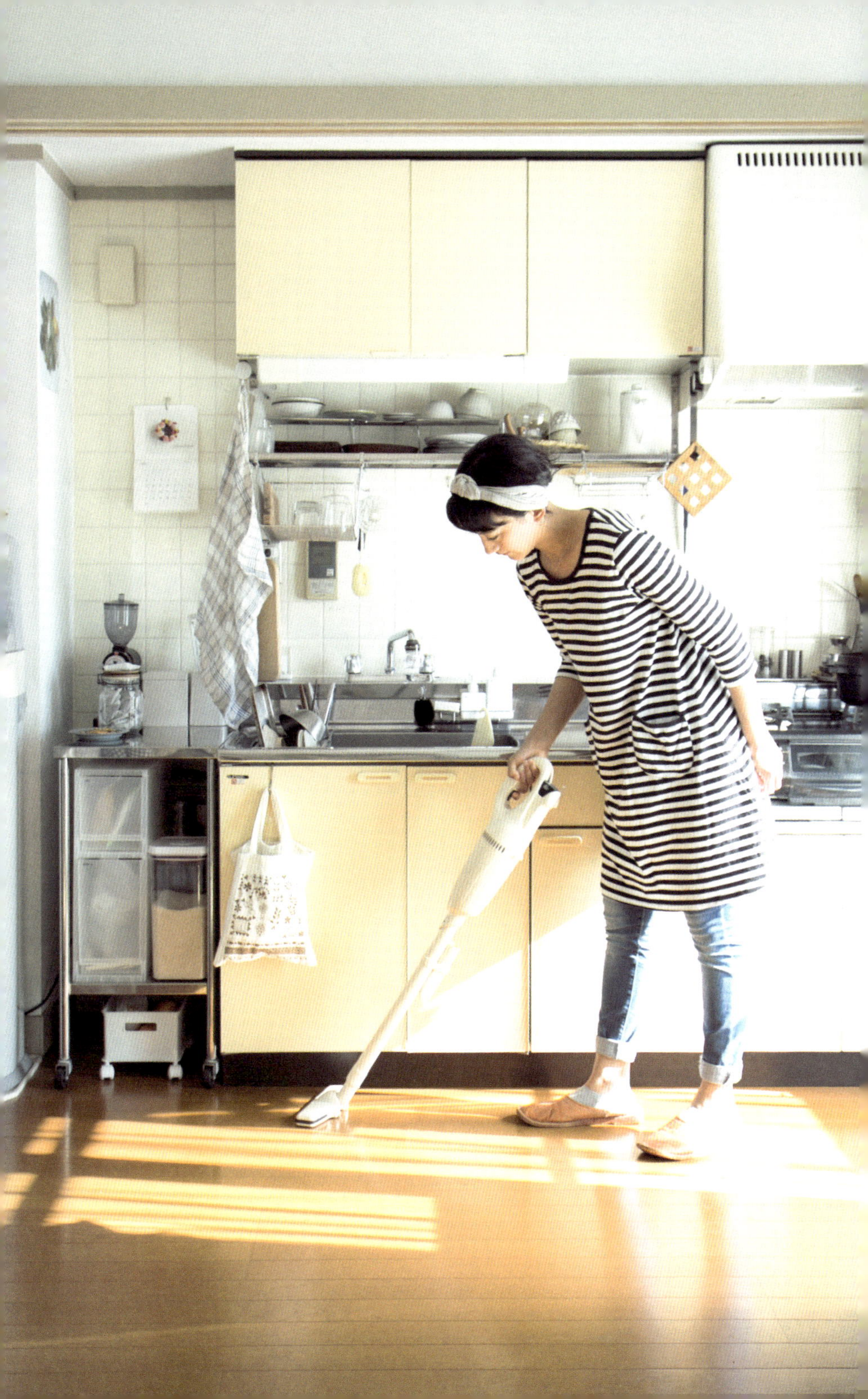

扫除工具不是越多越好

　　拥有越多东西，就需要越大的收纳空间，还要做越多的管理工作。这一点在扫除工具方面也是同理。

　　比如，偶尔使用的"纱窗专用"刷子、洗涤剂等，这类确定"此处专用"后不会随意用于他处（或者说是不能用在其他地方）的工具，有时回过神来才发现家里真是囤积了越来越多。

　　迷你扫帚既能打扫玄关又可清洁窗框，白破布和三聚氰胺清洁海绵则是在家中哪里都能用到……自己拥有的东西，只要保持自己能掌握好的种类和数量就好，以便于一旦发现哪里脏了马上就能付诸行动。把工具放置在易于使用的场所，打扫的难度也会随之降低，打扫频率自然而然就提高了。

　　"我想要这样的扫除工具！"有这种想法的时候，首先检视一下家里的基本工具是否可以代用，试着思考一下吧。

{仅用一块清洁海绵就能做到！}

如果发现了污垢，可以试着先用清洁海绵擦除。大多数情况下，只要用它就能清除干净。如果准备的是抹布和洗涤剂，清洁后污渍还是似有似无。而只要一块浸湿的清洁海绵即可一步完成任务，立刻就能打扫好。

用水将海绵稍稍浸湿，墙上的黑斑也能擦洗干净（但如果是贴有墙纸的墙壁或者墙壁材质不适合，也许清洁起来会比较困难）。

擦除浴缸和洗浴盆里的水垢。比较难清除的时候，可以撒一点小苏打，再用兑了醋的水浸湿水垢，静置片刻后再擦洗。

漂白剂都无法清除的茶垢。对于顽固污垢，可以用小苏打擦除。顺带一提，我是把小苏打存放在稍大的盐罐子里的。

也可清洁开关周围。虽说也是情理之中，但令人意外地，这里常常因为手上的污垢会变脏。把上头的黑色污渍"啾"地一下擦除时，真是畅快。

推荐用菜刀切分一下！

从外面买回来大尺寸的清洁海绵后，可以用菜刀切分一下。比起使用剪刀，直接用菜刀可以很畅快地切出自己要的大小。2cm的方形对我来说最易上手使用，用完扔掉也不会觉得可惜。

『起码是这里！』得保住的要点

　　日本有一档电视节目，其中一个环节是搞笑艺人拜访女艺人的家里，然后对各个角落进行检查，连洗发水瓶后面的地方都不放过。不知道各位有没有看过呢？虽然有点可怕，但他们具体检查的各个地方也让我恍然大悟"原来如此"。

　　即使好好打扫过了，如果就是那一个地方脏了的话，也会带给别人不好的印象。这样的细稍末节确实存在。而且更可怕的是，生活在这个家里的人对此却毫不知情。

　　不如换个说法好了，如果最起码能把那种小地方也打扫到位的话，房间看上去就会很美好。首先确保这一点就行。

　　不要全都等到大扫除的时候再去打扫，平时一边打扫，一边伸伸手"再多做一步""再多做一个动作"，只要多擦一下，结果就会截然不同。

| **part 2** | 家务

对讲装置上方
即使按门铃无数次,但是由于从不会碰触装置的上方,所以这里容易积灰。虽然是位于入口处的显眼位置,却非常容易成为死角。

镜子
这个地方灰尘、手垢出乎意料地显眼,而且因为每天都会照镜子,所以很难注意到变化。如果镜子脏脏的,映射出来的房间看上去也会不干净。

玄关大门
入口处如果不干净,很遗憾,就会给人留下"这个家里应该也不会很干净"的印象,这就太不划算了。其实擦一擦也就一两分钟的工夫。

马桶水箱和盖子之间
这也是常积灰、掉发的地方。一看厕所就能了解居住于此的人是否够整洁,因此要注意这些容易遗漏的地方。

洗脸台
本应保持清洁的水池周边如有不洁感,无论是对于住户还是客人来说,都会感到很有压力。此外,仔细擦去水迹,也可以防止水垢出现及细菌繁殖。

水龙头
水龙头越磨越光,虽然也容易变脏,却是个可以显示清洁度的场所!此处若能"熠熠生辉",可以提升房子整体的清洁感。

意外地，扫除不用花很长时间

"脏得不能忍了啊……好嘞,这回要彻底打扫干净！"每回这么想的时候,"这回"却迟迟不能到来。于是，污垢变得越来越顽固，然后更加懒得打扫，渐渐地演变为恶性循环。

其实不用"彻底"打扫也是OK的。感到在意的"那一瞬间",只用纸巾也好，只用30秒也行，只要去擦一擦就行了。

事实上，在打扫这回事上，光想着"必须得打扫了"的考虑时间要比实际做起来需要的时间长得多。即便是要对外形复杂的东西进行打扫，如果实际计算时间，你就会发现连10分钟都用不到。

想要养成立刻就去打扫的习惯，有3个方法十分有效：①不过多放置需要移动的物品；②家里别放太多打扫用具；③将打扫用具放在能够迅速拿到手边的场所。开始在意的时候一定要马上打扫，这样的话，年末的大扫除都不需要做了呢。

数字式厨房计时器/无印良品

| **part 2** | 家务

{ 乍一看感觉很麻烦的○○扫除,实际并不费时间! }

阳台扫除……7分钟

保持着每月花 7 分钟打扫一次的节奏,我家阳台已经被打造得拥有让人想要弄成居酒屋感觉的舒适程度了。打扫时需要在地上洒点水,用刷子刷洗,还要擦拭栏杆扶手和空调外机。

清洗电风扇……8分钟

看上去像是个大工程,但试着算了下时间,只用 8 分钟即可完成。相比用湿抹布擦拭整个风扇,还是流水冲洗更快更干净。

玄关扫除……2分钟

可以用准备丢掉的擦地湿纸巾擦拭水泥地,用迷你扫帚扫垃圾,再用不要的抹布蘸水擦一遍。这些步骤都是其他地方打扫结束后正好可以顺便一做的。

垃圾箱打扫……8分钟

这是我家最大的一个垃圾箱。用酒精喷雾边喷边仔细擦抹也只要 8 分钟就可以解决。越是容易脏的地方越想清理干净。

{ 懒散派·扫除法 }

西洋醋兑的水,彻底清除水垢!

水槽、浴缸出现水垢后,如果用西洋醋兑水蘸湿抹去,就可将污垢擦除得十分干净。制作方法:在喷雾瓶里按比例加入醋和水(醋:水 =1:3),然后按喜好添加香氛。我选择的是最爱的薄荷味。

厕所刷换成一次性的"洁厕刷"

幸亏用了一次性"洁厕刷",这样脏了的刷子就不用再放回厕所了。可能是因为自带洗涤剂所以可以轻松刷洗,丈夫也开始愿意帮我一起打扫厕所了!

| part 2 | 家务

用纸巾蘸湿后擦拭

对于只用了一下几乎没怎么弄脏的纸巾，我习惯顺便用来擦一擦周围的地方再扔掉。比如顺势擦一下洗衣机的边边角角等。在纸巾上喷一下酒精喷雾，就可以当作湿纸巾一样用。

湿纸巾

擦地板的时候，可以代替抹布来使用。丢弃之前也可用来再擦一擦卫生间地板、玄关水泥地等，这是一大优点。在扫除过程中加上这么一招，只要花一两分钟就能有很棒的效果。而且，它还能用来擦窗户窗框。

71

特意放入占地方的洗衣篓里

我喜欢在蓝蓝天空下，看着晾晒的衣服随风摇荡，感觉这才是真正的生活。啊，我在过着这样的小日子呐……那一瞬间，我感受到了似有似无的微小幸福。

但是有一个问题，把晒干的衣服叠起来后，就感觉不到有什么开心的了。因此我总喜欢拖延这件事，不会一折叠好就收起来。将晾晒衣物收进室内后，我会把它们直接往地板上一放，堆得如小山一样高，有时甚至就那么放在那里几个小时或半天都不管。"必须清理一下了，得理一理了"，在这期间，内心却一直被拷问着……

因此，我准备了一个大篮子，可以把收进来的衣服全都放进去。把衣服都放入篮子后，起码比起在地板上堆成小山一样整洁多了吧，一眼看过去，心情也大不相同。而且，因为大号篮子很有存在感，所以在一定程度上会让我觉得"有点碍眼"（有必要叠好了）。并且正因为篮子够大，当我把里面的衣服都叠放整齐之后，那股成就感也不是一般大。

我觉得在处理自己不擅长的家务活时，可以先在大脑里想象一下做完之后的样子。如果是洗衣服的话，想一想眼前需要叠起来整理好的东西都消失了；如果是熨烫衣服的话，想一想笔挺的衬衫挂在衣架上的画面吧。

想要减少大脑里出现"必须得去做了"这种想法的次数，只有尽早地行动。反正都要做，希望大家可以一边想象着事成之后的幸福感，一边去面对家务并着手做起来吧。

白色篮子/IKEA　※现售商品请参考第20页

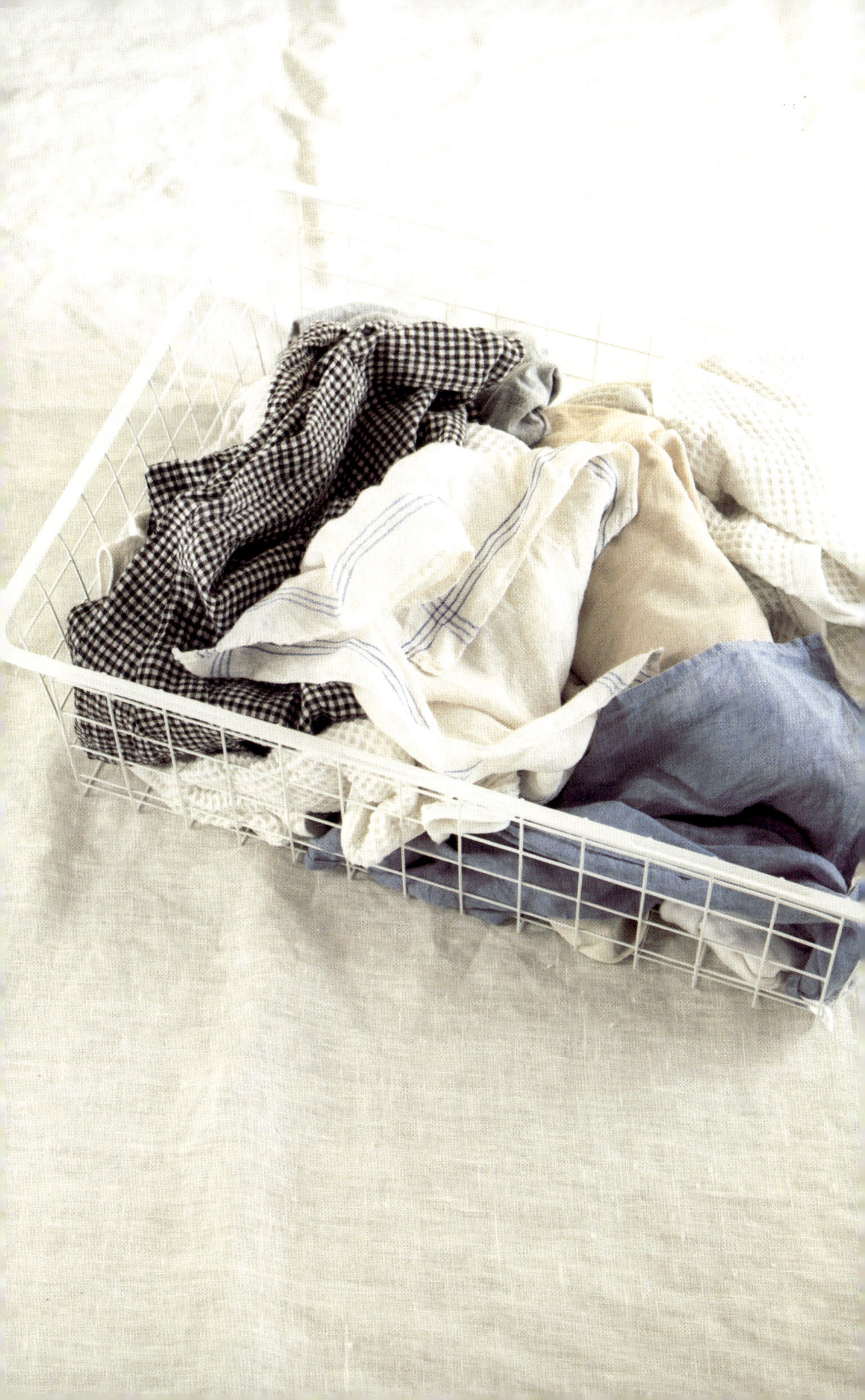

运用收纳方法轻松处理洗好的衣服

　　使用道具较多、移动较频繁的家务活，如果在收纳上下功夫就会收到立竿见影的效果。因为需要蹲下站起、走来走去什么的，为了尽最大可能减少不必要的动作，我把需要用到的物品都放在了洗衣机附近。无论是洗涤剂还是衣架，只要站着伸伸手立刻就能取放。

　　而且，晾晒衣物时，挂晾在方形衣架上的操作是在室内（洗衣机前）进行的，之后只要直接搬到阳台去就行了。这么安排的理由，是我不想一边忍受夏日曝晒或是冬日严寒，一边还要做这些动作。每天要做的事，尽可能轻松地完成，这是最基本的。

　　顺便一说，冬天的话，我会特意把衣物放在室内晾晒来防止过于干燥；第二天早上要早点出门的话，也会在前一天晚上早早地晾干衣物。总之，会灵活地进行洗晒工作。

| part 2 | 家务

我家的洗衣流程

1 将洗涤剂和柔顺剂一并取出,开启洗衣机开关。

2 洗好的衣服放入洗衣篓并置于盖子上方。

3 用洗衣篓或夹子将挂晒衣物大致分好类。

4 将衣物挂在架子最上层待用的衣架上。

5 将衣物吊挂在方形衣架上。较薄的浴巾也挂在上面。

6 整理好之后一起搬到阳台,挂在晾衣杆上。

7 衣服干了之后直接收进来走到洗衣机前。

8 将衣服从衣架和架子上取下来放进篮子里。

9 毛巾和内衣收纳在近前的抽屉里。

10 将篮子放在榻榻米上,活用收纳方法逐一折叠好衣物。

75

{ 超好用的洗衣物品 }

方形衣架＆三角衣架两种

无印良品出售的衣架是铝制的，不易生锈而且耐用，我非常喜欢。衣架是分为普通的和无袖衣专用的两种，分别收纳于两个文件盒里。其轻便性也是一大魅力所在。

洗涤粉、柔顺剂、漂白剂

把"SARAYA"的天然洗涤粉"HAPPY ELEPHANT LAUNDRY POWDER"灌入"PUEBCO"的珐琅制容器中。柔顺剂和漂白剂则是灌入剥除了标签的液体洗涤剂容器中。容器外观以白色为基调，统一收纳。

| **part 2** | 家务

厨房用的刷子，预洗衬衫

在"oxo"牌的一推式棕刷中放置预洗用的洗涤剂用来洗刷丈夫衬衫的领子。脱下的衬衫浸在放满热水的洗脸盆里，这是丈夫负责做的事。单一色调的简单外观也是加分。

被子夹

"大木制作所"的被子夹拥有简练利落的外形和良好的功能。在至今我用过的物品中，最中意它。这是乔迁新居时友人送我们的礼物，我非常喜欢。

专栏 [懒散派自我管理入门]

习惯能否持续，选择的物品是关键

与生活必需品不同，一些护理用品如果放置在家中生活动线上看不到的地方，就很容易忘记。正因为此，外观上我会选择自己喜欢的类型。另外，如果不是压泵式、一键打开式等可以轻松使用的款式，也不容易令我产生想用的意愿。

就这一点来说，如图将"也可用来洗脸的泡沫式卸妆乳"放在洗脸台上是正确的。在此之前，累得没时间进浴室洗澡的时候，有时连卸妆都懒得做了，整个人根本就是几乎被击沉的消极状态。但自从有了这个商品，我开始变得不会忘记卸妆这个步骤了。可以这么说，这件商品已经是我爱不释手的一个物件了。

卸妆乳/花王SOFINA beaute 兼顾洗脸功效的泡沫式卸妆产品

part 3
衣装行头

　　想要重新审视家中整体收纳情况的时候,许多人都会提到一点:"我家衣帽间可以说是家里最不想踏进去、最让我烦心的地方。"这是为什么呢?因为大家都喜欢衣服啊。但是,要处理不穿的衣服是件辛苦活,所以会害怕面对问题。

　　但我希望让那些喜欢衣服的人能够感受到选择衣服时的幸福感。虽然对大多数情况来说,"购买下"的瞬间已经是达到幸福巅峰了,可话说回来,原本不应该是"穿上衣服的时候"才是最幸福的时刻吗?

　　最为理想的状态,是所有的衣服都能"活跃"起来。每件衣服都有多多穿上身的机会,自己也能做出各种各样的服装搭配。

　　话虽如此,我自己也尚在"修行"中。希望我可以通过从时尚人士那里得到的启发,不断磨炼同一件衣服进行不同搭配的能力。

衣装行头大公开！
13 件衣服，反复穿搭过 8 天

这 13 件我最常穿的衣服，能与各种小物件组合做出搭配。首先，给大家介绍一下有哪些衣服吧。

D 无印良品的针织衫

H MARGARET HOWELL 的八分裤

A Y's for living 的蕾丝边 T 恤

E MARGARET HOWELL 的对襟毛衣

I 优衣库的紧身牛仔裤

B MARGARET HOWELL 的吊带背心

F MARGARET HOWELL 的夏款针织衫

J CHICU+CHICU5/31 的阔腿裤

L Marimekko 的条纹连衣裙

C Lisette 的法式 T 恤

G Charpentier de Vaisseau 的水手衫

K 优衣库的波点纹阔腿裤

M evam eva 的针织连衣裙

内搭 3 件
百搭基本款内衣 3 件。最近对于内搭衣物，我开始会选择质量好的了。

上装 4 件
穿着轻松，而且也能显得很整洁。与任何下装搭配都是相得益彰。

下装 4 条
做站起或坐下的动作都很容易，既宽松也有极好的伸缩性。最优先考虑易于活动这一点。

连衣裙 2 条
一件是当作工作制服，经常穿着去工作；另一件时髦一些，想变漂亮点的时候穿。

| **part 3** | 衣装行头

a MARGARET HOWELL 的亚麻披肩

b 杂货店购买的围巾

c evam eva 的头巾

d 和丈夫共用的藏蓝色针织帽

e Jabez Cliff 的黑色皮革腰带

f entoan 的皮革凉鞋

g DANSKO 的懒人鞋

h 二手店买到的皮革小挎包

i ARTS&SCIENCE 的购物袋

j SOURCE 的项链

k 杂货店购买的铜制+天然纱线项链

l Moko Kobayashi 的刺绣串珠别针

m SUMIRE 研究所的陶器胸针

n 前田美绘的陶器胸针

o CHICU+CHICU5/31 的心形胸针

小物件 5 个

这些小物件,可以点出全身的搭配重点。有和没有,给人的印象大不相同。

鞋子 2 双

想看上去正式点的时候,我会穿上在 entoan 半定制的特别版系带鞋子。休闲时就穿懒人鞋。

包 2 个

这个小挎包是我在一家店附近散步时碰巧买到的。顺便一提,其实我最常使用的包是在本书介绍旅行那一页(第 116 页)上提到的大手提包。

配饰 & 胸针 6 个

素材多样的配饰总能吸引我。而且,我也很希望能熟练运用胸针的各种搭配方法。

—DAY1—

D + E + K + c + e + g + j + k

阔腿裤视觉面积较大,因此头上的头巾起着收紧整体印象的作用。如果下装的特点非常突出,只要上装或者整体颜色够简单素净,也很容易搭配。外面披一件对襟毛衣也是一个非常方便的要点。

—DAY2—

F + H + a + e + g + j

最近我开始爱穿灰青色服饰。用白色和其他浅色做搭配,可以给人以爽朗的印象。而且,我也开始有意识地朝着更成熟的穿衣风格努力,注意尽量突显出"清爽感"。

| part 3 | 衣装行头

— DAY3 —

H + M + g + h + m + n

即便是连衣裙搭配白裤子的简朴组合,只要利用 2 个胸针,就能一下子显示出穿着者的个性。胸针的设计当然是一个方面,但也会考验摆放位置和做组合的品位……整体是否平衡很关键。

— DAY4 —

B + F + J + c + f + k

把针织衫的下摆掖进阔腿裤里头,看上去会很清爽,也显腿长。上面内搭的吊带背心,有意与针织衫形成渐变色。另外,如果要打造层叠宽松的感觉,可以戴上头巾。

83

— **DAY5** —

C + G + J + b + f + h

虽然每天都穿着易活动的宽松衣服,但我也会注意不忘记女人味……所以我在围巾上下功夫,尝试了一些搭配,既能给人可爱的印象,也不会让人感觉奇怪(就算是 50 岁的人也可以尝试)。脚下的绑带鞋也很有简练感。

— **DAY6** —

I + L + g + j + l + m

Marimekko 的条纹连衣裙是我在进行收纳服务工作时经常穿着的衣物。因其活动性好,又有口袋设计,所以我非常喜欢。我还有黑白条纹的,轮流换着穿。FALKE 的红色袜子可以作为点缀。

| **part 3** | 衣装行头

― **DAY7** ―

C + E + H + a + e + f + k

出席会议等场合时，总想给人留下一点干练的印象，那么选择这一套准没错。灰黑渐变的色调与白色形成强烈对比。我会做各种尝试，比如在外面披一件对襟毛衣、最上边的扣子不要扣上等。

― **DAY8** ―

I + M + b + d + f + i + o

我有很多蓝色系的衣服，所以选择围巾时会考虑适合手头大多衣服的黄色。为了不让人感觉太男孩子气，下面的裤装会卷起裤管露出脚踝。像这样把身体的"颈部"（指脚踝）外露出来，据说可以突显女人味呢。

『劳模』衣服要低调

  我在手头的所有衣服里试着挑出了经常穿的，结果发现都是些设计简单、不抢眼，如同"白米饭"一般的百搭衣服。朴素的白T恤、休闲裤、牛仔裤、双排扣大衣等，越是这些感觉谁都会有的基本款，越是靠得住。

  设计简单的衣服，也许乍一看感觉平平无趣。但实际上，它们可以让你自由享受各种搭配的乐趣，例如与有花纹的其他衣物组合，或是作为内搭在外面再披一件，或是别个胸针之类的。"今天想穿这件简单的高领衫。"这时候无须过多思考，随便选择哪种下装都没问题。在忙碌的早晨，这种设计简单的衣服真的是如同"劳模"一般的存在，能帮上大忙呢。

短裙/MARGARET HOWELL　高领毛衣/无印良品　连帽卫衣/ORCIVAL

part 3 | 衣装行头

花纹要选基本款

我从来不在服装上冒险。现在也是如此。

无论多么夸张的衣服也能选出适合自己的，还能穿得十分合身，像这样的穿搭达人世间多如牛毛。他们在成为达人之前，应该也走过很长的一段路吧。由于我对自己中意的风格品位还不确定，而且搭配能力还在"升级"中，因此我认为，如今正处在好好了解自己到底适合什么衣服的打基础阶段。虽说如此，一路走来，也是经历了许多失败。曾经我还把流行的花纹式样买了个遍，结果一年下来很快就厌倦了。

在这样的"发展阶段"，如果要选作为重点的花纹，就挑选不受流行趋势影响的普通款吧。例如横条纹、竖条纹、波点或方格等等。这些都是不随波逐流，也不会让人觉得腻烦的花纹。

连衣裙/Marimekko 格纹上衣/KAPITAL 波点上衣/TOPSHOP 短裙/KAPITAL

要选就选优质品

　　从学生时期开始,我就模模糊糊地开始注意到这么一个道理:"越是时尚的人,内衣质量越好。"反正要花钱,所以下意识地就会投资在显眼的外穿衣服上,这确实是人之常情。但是,即便是往胸口瞟一眼时才会露出一点点的针织内搭,如果是好东西,给人留下的印象还是不一样的。穿着舒适度和质量也完全不同。要是对这些堪称"劳模"的基本款衣物偷工减料的话,我觉得连挑选衣服的乐趣都减半了。不论有多便宜,如果衣服很快就松垮了,结果还是不实惠。

　　当然了,不可能所有的衣服都是高级货,其实量贩店里的低价品也能加以活用。正因如此,当你努力一下好不容易入手了一件高质量的衣服时,这种成就感会更大。"下次再努力在这家店里挑衣服吧。"如此一来,也能为工作增添动力。

睡前想好翌日穿搭

在我的客户中间,有一些人会向我反映这样的烦恼:"衣服数量太多了,无法享受搭配乐趣。"明明每件衣服都是因为中意才买下来的,却因为自己的衣服太多,于是对每一件衣服的喜爱之情也变淡薄了。

对于这样的客户,我和他们做了一个约定——"养成提前一天想好穿衣搭配的习惯"。不要占用早晨忙乱的时间,等有空的时候再考虑如何搭配会有更大的意义。什么样的衣服是平时需要穿的,什么样的衣服可以不要了,应该像这样掌握好自己的尺度。若是明白这一点,也就能防止冲动购买那些一定不会穿的衣服了。

而且最关键的是,早晨起床后要穿的衣服早就准备好了,光这一点就能让你轻松许多!特别推荐给生活节奏快的人。

穿搭到了瓶颈期

"最近的穿着搭配几乎都一样……"有这类疑惑的时候，我会读一些时尚书籍和杂志合刊做参考。和一般杂志相比，图书在任何时代都包含更多的信息，从中可以了解到"为什么要做这样的搭配"之类来自造型师的穿搭哲学和小技巧。如果有自己认可的，即可实际运用起来。

因为我基本上就是想找一下灵感，看看该如何利用现有的衣服做一些全新的搭配组合，因此不会发生没有好看的衣服就去店里买的情况。"藏青色的针织衫穿旧了，想再买一件替换一下。"我会像这样抱着明确的目标，去可以信赖且经常光顾的店里寻找新衣服。买好新衣服、有了足够的动机之后，就可以与自己已有的各种衣物进行不同的组合，想出几种新搭配来，类似于开一个个人时装秀一样。这么做对未来的生活很有帮助。

Mook/（上）《Naturila时尚基本款》、（下）《成为大人后,想穿的衣服》（皆为"主妇与生活出版社"出版发行）

| **part 3** | 衣装行头

不要让衣服来适应自己

有很长一段时间，我都在找合适的工装裤。直到某次外出旅行时，有了一次命运般的相会！但是鼓起勇气试穿之后……咦？挂在那儿的时候还觉得是自己的菜，怎么穿在身上就有点儿不对劲了呢……我对同行的友人说："还是不买了。"结果被回了让我很惊讶的一句话："你找这么久，终于找到件喜欢的，还真就放弃了呀。"

当然，要把一下子上来的兴致压下去确实有一点难受。但是，绝对不能就这样让衣服来适应自己。即使觉得和自己不太搭或尺寸不合适但仍勉强买下来后，自己也好衣服本身也好，都会无法发挥出魅力，结果两败俱伤。

无论有多喜欢某件衣服，都要尝试着穿在身上看到底和自己合不合适。我觉得千万不要对此视而不见，必须坦然面对。

重视家人的意见

真正明白"自己到底适合什么样衣服"的人,想必并不太多吧?就我自身来讲,也曾有过感到不安的时候,怀疑"是不是只是自我感觉良好罢了""总是穿一样的真的好吗"。

在这样的时刻,无论好话坏话,如果家人们能清楚地告诉我一些意见,我会发自内心地感激。以前我穿藏青色连衣裙的时候,丈夫不经意地来了一句称赞:"你穿这件衣服真合适,天天穿都没问题。"感到开心的同时,我也开始反省自己挑选衣服时总是优先买那些便于行动的衣物的行为。

另外,我身边有个好朋友,称得上是"时尚大师",所以我也常常受她影响。今后我也会重视他人的建议,继续经营自己的风格。

| part 3 | 衣装行头

几件内衣反复穿搭

就算抽屉里有许多条内衣裤,但是不是穿来穿去总是那么几件呢?打个比方,如果有30条内裤,即使全部穿一遍,每个月每条都穿1次的话,每条内裤一年也就只能穿12次。如果再爱惜点穿,回过神来就会发现,有些内裤都穿了5年了……

既然如此,不如找一些亲肤且穿着舒适的内衣裤,几件轮换着穿,这样不仅方便舒服,也不占收纳空间。因为只有几件而已,所以也会考虑购买质量好一点的……这样的话更耐穿,也很经济实惠。

我手头的内衣裤:内裤5条,内衣4件(+带罩杯内搭3件)。"物尽其用"轮流着穿,穿完就洗,穿松穿旧了就换新的。作为一名成熟女性,我早已下决心绝不再穿旧旧的内衣裤了。

内衣裤/强捻棉 无袖内衣4410日元 内裤2415日元(Y's for living)

『俯瞰』衣装行头

在进行衣橱整理收纳服务的客户家中，不仅是衣橱，我还会请客户把塞在顶柜里的过季衣物全部拿出来。因为，很多问题只能通过检视所有的衣服才会注意到。

如果把全部衣物"聚集一堂"，你会发现那些完全没穿过的、相同风格的，或是穿到外头去时会有所犹豫的瑕疵衣服到底有多少。这并不是某些人的特例，实际上很多人拥有的同一种衣物的数量相当惊人。像这样把自己全部的衣服摊在眼前的时候，许多客户都会"反省"。如果能够当场自我反思的话，即便不会真的动手减少衣物数量，至少今后也不会再多买了。

我就是如此。每回俯瞰自己的衣服时都会发现需要反省的地方。例如，虽然半身裙只有3条，但哪条都没穿过。这样总比站在店里光用脑子思考好，之后在购买自己的日常穿着时，就会减少向带花纹的半身裙伸手的机会了，而且能由此来了解自己的偏好。活用这样的反省方法之后，接下来我想试着寻找一下百搭的简单款A字裙。

把握现实情况，反思问题所在，了解自我偏好，这样在今后的生活中也能轻松应对各种情况。"俯瞰"衣装行头，除了可以处理掉不穿的衣服使衣橱变清爽之外，还有更大的效果。虽然这是项庞大的工程，但完成之后，你的衣橱将会开始"闪闪发亮"，华丽地转变为一处"不由自主想搭配行装"的空间。

| part 3 | 衣装行头

{ 实际数一数自己所有的衣服！}

带罩杯的内衣：3 件
反复穿着。分"正在穿的""洗涤中的""待用的"就足够了。

坦克背心·吊带衫：6 件
常用于春夏季。由于穿着时外面也能看到一点，可用来做不同的搭配。

T 恤衫：9 件
一到冬天，就收进抽屉最里面，去健身房时再拿出来穿。到了夏天，则放到抽屉最外面，经常穿。

长款 T 恤：6 件
平时白天穿，晚上睡觉时也会穿。忽然发现没必要分什么类。

衬衫·上衣：11 件
外出时穿的正式服装。因为个子较高，我也常穿长款衬衫。

对襟毛衣：4 件
轮流穿很方便，还想增添其他颜色的。最右边是夏天穿的七分袖款。

针织衫：8 件
前面的 3 件是夏天穿的。高领的有 2 件。

连帽大衣：3 件
易穿又方便，我很中意。虽然还想买，但因为占地方所以就算了……

外套：7 件
虽然我不常穿夹克衫和风衣，但是没有备选的话也很困扰，所以会留些下来。

长裤：9 条
裤装是我日常必备的单品，因此它们是搭配重点。即便如此，其中还是有"第三梯队"不常穿的。

阔腿裤：3 条
在做伸展动作比较多的工作中经常穿。总之穿着很轻松，所以多添了几条。

半身裙：3 条
这 3 条基本上不怎么穿，先打上问号待解决。设计上过于女孩子气。

短裤：1 条
连衣裤：1 条
给下装制造一些变化。

连衣裙：6 条
这些主要是干活或者参加聚会时穿的。现在正在寻找平时也能穿的冬季款。

处理掉的衣物：3 件
穿旧了，以新换旧。

总共：80 件

统计过去的自己

专栏　[懒散派自我管理入门]

　　找到了想要的护理用品后，首先我会再次确认过去自己的行为。为了给肌肤去角质而买的磨砂膏……量完全不见减少。头皮按摩用的刮痧器……也没坚持用下去，诸如此类。

　　相反，一直持续使用的用品有全身涂抹的"eufora"芦荟配方美容液，不仅可以涂脸和身体，就连头发也能抹，香味也很好闻。

　　通过统计过去的自己，让我知道了自己难以持续使用专用在身体某些部分的用品，而味道好闻的东西则是可以坚持用下去的。如果提前了解自己使用物品的特点，失败次数就会变少。

part 4

选择物品

我选择物品的标准在于，是否真的可以辅助我的生活。因此我很重视功用，极少会在外出时买下偶然遇到的东西，大部分情况下还是脑子里想着"家里如果有了这件东西会怎么样"再特意出去寻找。

功用优良，外形美观……要找到这样的东西实属不易。正因如此，实际找到后的感动也就不言而喻了。寻找的过程也是十分愉快的。

只是有一点，兴致勃勃地出门却未能与目标物品相遇，毫无所获地从店里出来，多少都会让人感到失望。但是即使当时妥协了，买了其他觉得差不多的东西，也不会给你带来幸福感。想要通过购物来缓解压力的时候，可以买一些好吃的东西或者鲜花等消耗品忍耐一下。比如，由于期待着再次外出时能寻找到目标好物，所以最近我经常会买红豆面包回家。

从不同角度来审视

在店里看到某样商品时，人们常常无意识地光看到好的方面，例如"好可爱呀""看起来好方便"等。这是因为，只要是想要的东西，总是先占为己有比较痛快。

但是，请各位在那一刻稍微犹豫一下。购买商品时，除了物品的优点之外也找找看有什么缺点吧。"家里架子已经放满了呀""要是把它带回去，已经在用的那个怎么处理呢"等，考虑一下这些方面，有可能最后就会决定不要了。如果疏忽这个检视的过程，家里的东西就会越来越多，造成"大堵塞"，最后极有可能成为压力的源头。

挑选商品时，除了与物品本身对峙，也请务必试着回想一下家里的状况。在很多情况下，"不买"从长期来看是能减少压力的。这一点请谨记。

仅有一处『用武之地』的物品不要带回家

例如，一个用来削水果皮的道具。由于用其他东西也可以代替，所以这件道具除了能削果皮之外毫无用处，一年也就只用到一次。而如果这样的道具接二连三地往家里搬的话，"虽然很少使用，却占着地方""因为都没怎么用过，所以不舍得扔"，诸如此类的东西就会越积越多。

日常用品还是选用简单普通的类型最好。比如简单的笊篱还可以用来作沥水笼、蒸笼，或者临时放置食材。还有简单的木箱，在我家的用法是把它横放在地上当作收纳用品，或者竖起来变成书架，或者装上滑轮变为小推车。

在往家中添置新物件时，不要执念于别致的设计、独有的特色之类的，希望大家也能把关注点放在是否为基本款，是否有各种各样的应用方法上。

从美不美观的角度出发

别人参观完我家之后,有时我也会收获"真会挑选东西呀"这样的好评。实际上以前我在挑选物品方面没有什么特别在意的。有需要的物品就跑到附近的店里直接挑一个买回去。

二十岁左右,我的观念发生了变化。那时我打工的地方是一家咖啡店,店主夫妇(在第58页已登场过了)在挑选物品方面有着执着的讲究。店里的料理器具、器皿、家具,每一件东西都是以"美观""好用"为前提而被挑选出来的。所有的东西都是事先做过彻底的信息收集工作,然后亲自跑到店里,互相沟通商量后买下的,被这些"出类拔萃"的物品所围绕,渐渐地,我看东西的眼光也被培养了起来。

有人问我:"如何才能磨炼出好品位?"我会奉劝大家"找到适合自己的'师父'"。

炉台/snow peak

| **part 4** | 选择物品

允许自己偶尔失败

  自从我在选择物品时开始变得慎重之后,"要是当时没买就好了"这样明显的失败之举果然减少了,但也不是每次都能成功。

  例如这个红色水壶。在店里看到的时候毫不犹豫就买下了。但是实际使用之后,才发现自己还是需要具有更好的保温性的水壶,于是用到它的机会变得很少。通过这个失败购物教训,我开始去寻找符合自己实际需求的东西。结果到手的是"Alfi"牌一个名叫"Juwel铬"的水壶。

  无论多么小心翼翼,在购物方面还是会有失败的时候。重要的是彻底分析"为什么这个东西不适合自己"。在不断反省的过程中,我想你慢慢地就能减少失败的次数。

皮革物品尽量用得久一些

经久耐用，富有质感，这就是皮革的魅力所在。又结实又很少会破，用得越久越有光泽，对于这一点我实在是很喜欢。我平时穿着的服装一般是由棉、麻等粗糙的材质组成，所以能让我感受到扎实感的皮革包、鞋子会让我很是欣喜。

与对皮革的钟爱一样，一直以来我深爱并使用的素材是"木头"。我发现长期使用的木制家具、餐具等，随着时间的流逝，木头材质的独有润泽感和趣味也会越发深厚。

同自己一同生活的这些物品，我希望尽可能地多多爱惜它们。

皮革、木头等材料，具有越用越好用的特点，我认为这对于使用者来说，也是能够轻柔而又深刻地带给他们愉悦的存在。

钥匙包/entoan　腰带/Jabez Cliff　名片盒/蕨市鞋工坊"GRENSTOCK"

| **part 4** | 选择物品

购
买
的
数
量
要
符
合
自
己
的
消
耗
节
奏

在我家，果汁不会买1升装的，而是买200毫升装的。因为我家只有两个成年人，1升装的果汁无法在保持新鲜度的前提下喝完。考虑到这种消耗节奏，我觉得还是每次购买少量为好。

我在为客户提供整理收纳服务的过程中，曾经处理了大量过期的食品。这就是自家的消费节奏与购买节奏没有好好匹配的典型范例。毛巾、袜子等物品如果多到收纳空间都放不下的程度，也能说明这一问题。

不要硬是去做决定，比如说现在这点量"我家用起来正好"，也不要认定"某个商品就买这点容量"。试着买一次比现在少一点的量，其实大多数情况都能安然度过。

网购术

　　我想我是属于常常网购的类型，从小物件到家具都会网购，偶尔也会利用网拍网站。

　　在检索想要找的东西时，我首先会上谷歌或乐天等大型门户网站查看相关图片。这样做不仅可以一览商品大图，还能找到售卖该商品的网站主页，了解一下风格，便于找到符合自己喜好的店铺。

　　在检索具体商品名时，可以一边按照顺序浏览正在售卖的店铺，一边查找一下觉得"这家商品选择品位不错"的店。喜欢的博客主贴在博客上的链接，大多数也是我中意的店，所以也会成为我的参考。

　　话虽如此，在真正购物的时候，我基本上还是会很慎重地跑到实体店确认好实物的样子，再到网上找找看有没有比较便宜的选择。

语言也要有所选择

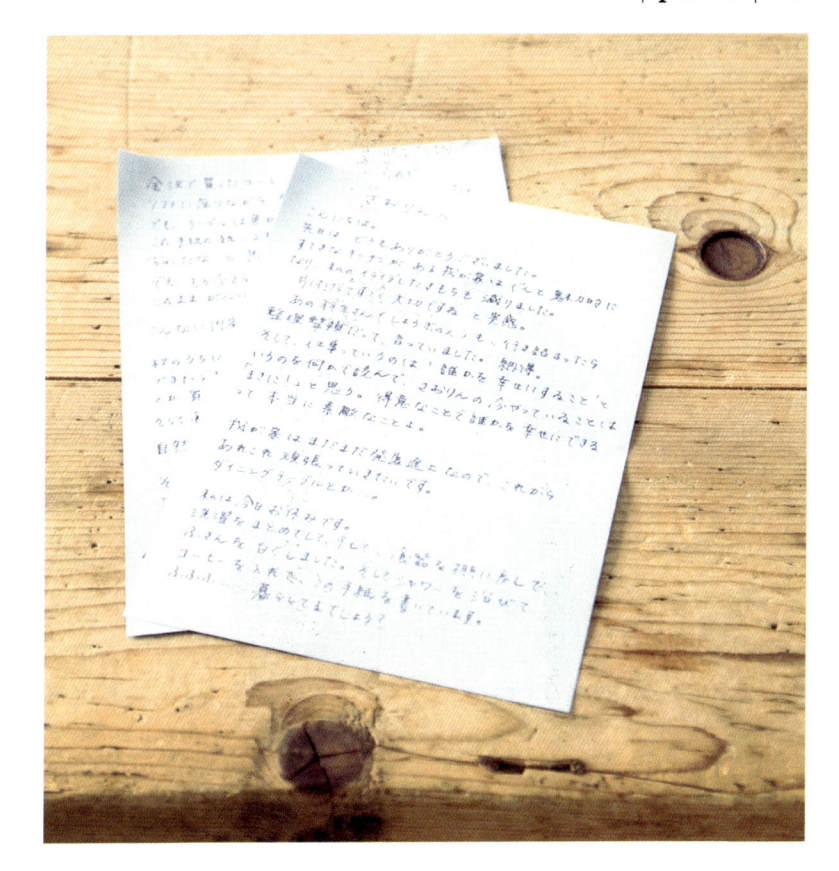

与选择物品同理,从前的我对于自己说的话都不怎么在意。而改变的契机,是从与一位充满知性魅力和幽默感的读书家好友相遇开始的。那段时间里,每次和她交谈,我都深深折服于她那恰到好处又精妙传达了意思的表达。比如,她在试戴太阳眼镜的时候,据说会问店员:"看上去会不会很滑稽?"听到这样的问题,相比于被问道"这个怎么样",店员在帮着挑选的时候会认真很多。在这本书里也会提到她曾说过的一句话:"使衣服和自己相配。"

选择要说的话时,不要使用习惯的表达,我觉得只要尝试先停下来思考一下"有没有最适合这种场合说的话",你的说话品位就会慢慢被磨炼出来。

和钱包好好『谈谈』

即使是价格多少有些贵的东西，如果觉得真的可以丰富自己的生活，我也会咬咬牙买下来。比如"Gore-Tex"的外套、前面说的水壶、穿着舒适的袜子等。

购买时付钱出去当然会感到肉痛，但也正因如此，才会好好体味，更珍惜地将它们长期使用下去。如果只是因为便宜就买下不少，不仅你自己并没有那么喜欢，可能在功能和耐久度上也有问题，这样等于是另一种形式的浪费。

当然，作为主持家庭开销的主妇，该节省的地方必须得省。比如我就得在餐费上下功夫。只要是物价便宜的店铺，即便路程略远也会不惜辛苦跑过去。而且会一次性买齐食材后放进冰箱保存，除此外也很注意节约食材。

| part 4 | 选择物品

{ 超爱用的居家小物 }

我最爱的那些杂货，可以为房间增添情趣。
但放太多的话会显得杂乱无章，而且日常不注意打扫也会积灰。
所以我只留下了真正喜爱的东西，并爱惜地使用它们。

墙挂钟
中意许久的时钟：PACIFIC FURNITURE SERVICE。SEIKO 制造，功能方面值得信赖。外表也很美丽。

和田麻美子设计的陶器
我们"相会"于川口的画廊，我一眼就被其简约、绝妙的色彩和外形所吸引。我把它放在了挂帘杆上做装饰。

钢丝小物件
朋友的作品，利用的是地基上的废弃材料。这个图案我也用在了自己的名片、博客页面上，对于喜欢居家风格的我来说，是爱不释手的一件物品。

木制相框
作为婚礼贺礼收到的，"MoMA 商店"的相框。里面的明信片也是很棒的作品，设计得很漂亮。

量杯
在"仁平古家具店"找到的，只有 2 升位置才有刻度标示的量杯。当时我纳闷这到底有什么用……后来心想可以把它当作插花花瓶，所以就买了下来。

抱枕
学生时代时丈夫送我的圣诞节礼物。写实的设计，虽然已有 10 年，但如今我仍然很喜欢。牌子：SALVOR FAUNA PILLOW。

木箱
也是在"仁平古家具店"发现的。买下时想着可以用来放日式点心和面包什么的，如今它在我家作为"小货箱"和书架使用。

香氛蜡烛
"DIPTYQUE"牌的蜡烛和"PARKS"的长杆火柴。不仅会在休憩时间使用，"想闻闻香味"的时候也会点上一支。

电灯
"山田照明"的"Z 形电灯"。由于这家公司制造的是工业用品，所以灯杆的可移动性和耐久性都很棒。我把它放在了电脑桌上。

专栏 [懒散派自我管理入门]

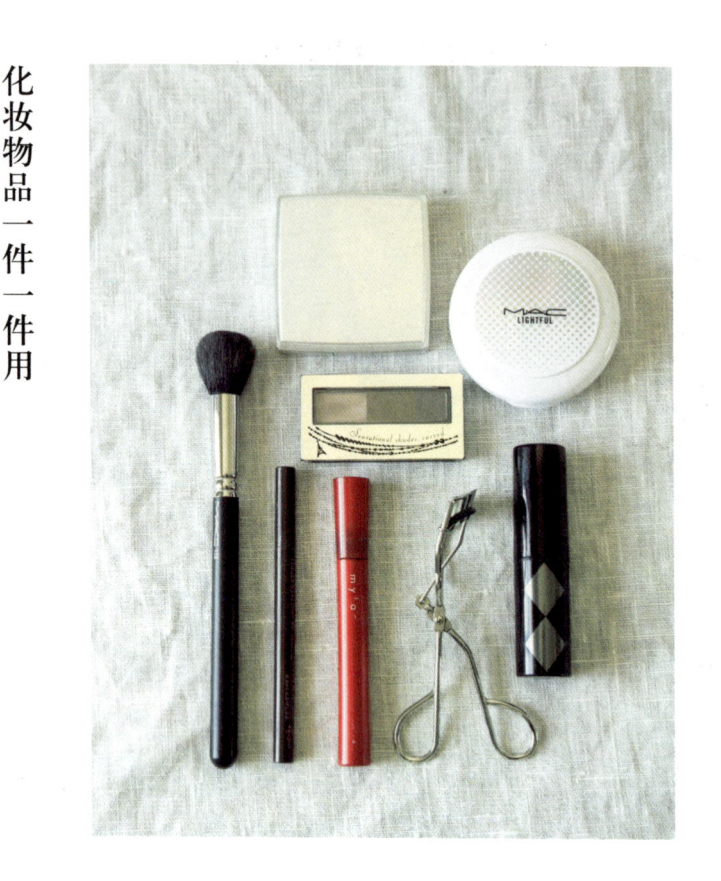

化妆物品一件一件用

　　市面上的化妆品，各种新色号、新产品层出不穷。无论是谁都会有想要尝鲜的心理，但是即便有很多化妆品，也只有很少人真的全都能用上吧。用心观察自己，回顾过去，确认自己每天都会用的"属于自己的那件化妆品"吧。

　　但是呢，把一件化妆品用完，是件非常难的事情。此外，它们的使用期限也并没有非常长。如果随便又多买了一些，就只是徒增用不完的物品而已，而且价格都不便宜舍不得扔。结果，梳妆台、洗手间里摆放着的化妆品多得都快放不下了。

part 5
旅行

　　我非常喜欢待在家里。但同时，跑到外面去追求一点刺激，对我来说也是不可缺少的。小时候我就经常在家附近跑来跑去，到处都能见到我的身影。街坊邻居都说"沙织真是个闲不下来的孩子呀"。既喜欢宅在家里又爱外出，看起来这似乎是两个不同的方向，但也许是自己爱探索的心理使然。

　　如今长大成人后，我对于外界的好奇心开始以旅行的方式表现出来。平时我就会竖起"小天线"，将想去看一看的地方立刻记下来。有时是和性情相投的朋友或家人一起去旅行，偶尔也会一个人去让自己心动的"与以往不同的地方"。

　　虽说如此，在旅行目的地考虑的也还是生活这件事。在旅行中会更切实地感受到，自己对于生活爱得真是深沉。

旅行，是换一种生活模样

对我来说，旅行也是生活的一部分。话虽如此，意思并不是说哪天旅行哪天就会过得特别一点。旅行这回事，只不过是换了个与平日不一样的生活场所而已，同样还是得照顾好衣食住行。

但是，品尝到与平时吃的不一样的美食、躺在不一样的被窝里休息，这就是旅行呀。它会给你一种把自己的生活换了个花样的感觉。所以，在最近的旅行中，我最为看重的就是住宿处。周游名胜、血拼购物虽说也是旅行的乐趣，但不管怎么说，要生活过日子，就和"房子"有关。由于关系到住起来舒不舒适的问题，所以我会抱着就像为了搬家寻找新住处一样的感觉，慎重地寻觅旅行住宿处。

寻觅旅馆的要点在于，是否能够像在自己家里一样放松身心。干净整洁、饭菜可口、餐具漂亮，而且服务人员如同招呼客人来自己家里一样给予款待，各方各面无微不至，让人甚至想要长期居住的旅馆最为理想。这样的住宿处，不仅能让你好好休息，还能从这里学到许多。

如果那么喜欢居家生活的话，在自己家过不就好了吗？那么为什么我还是想要外出旅行呢？也许是内心有股想从日常生活中脱离一下的心情吧。早起、吃饭、洗澡……这些平

时在家一直在进行的动作,一旦变换场所,也是会给人一种焕然一新的感受。总是埋头于日常杂务的话,也是得费一番功夫把积存在脑子里的乱麻清理出去的。出门旅行,暂时离开平常的生活,正好能为自己提供检视长久以来自己过的日子的机会。

走得更集中,走得更深

在选择旅行目的地时,比起那些"没有去过的地方",我更多地会挑"中意的地方"。通过多次访问,相熟的店家和人也越来越多,这对我来说是件高兴的事。我个人经常会去的地方,从下一页开始会介绍给大家:长野县的松本、上田,然后是枥木县的那须。在最爱的咖啡馆小憩片刻,在每次过去必逛的杂货店里挑些生活用品。对我来讲,这些活动再幸福不过了。

去年我买齐了徒步旅行的用品,到访了屋久岛。之后再去其他山里游玩的话也可以用上这些专业用品。别人送的结婚贺礼——一只皮划艇,今后也想增加使用的机会。因为我也很喜欢野营,对于我来说,夏天也是和日晒大作战呢。

本多流
松本・上田
2天1夜的旅行指南

　　信州地区的松本、上田，我至今去过好多次。从我家开车过去只要2小时就能到达，是即便当天往返也可以尽兴游玩的距离。这个地方文化氛围特别高，而且空气清爽舒适，我非常喜欢。因此选择这里做一个旅行实录。此次行程2天1夜，去了我自己非常喜欢的店铺。在这里，给大家介绍一下我珍藏的路线。

| **part 5** | 旅行

松本地图

10cm
民艺茶房 MARUMO
coto.coto
咖喱饮食店 DELHI
Galerie 灰月
开运堂
松本车站
▲ 至松本城
▶ 至县森林公园

上田地图

Levain
上田城迹公园
饭岛商店
haluta tokida
上田车站
haluta packing case

第一步，旅行准备

通过搜索图片寻找
如果要在松本寻找器物，我会在"松本 galary"等较大的目录中检索图片。因为看的是图片，所以可以轻松点入自己喜欢的页面。

将信息存入手帐
对于从别人那里听说或者在杂志上看到的想去的旅馆或店铺，我会把地名写在细长的便签上，贴在手帐里。这样做可以随时移动信息位置，很方便。

在洗手间墙壁上贴着旅行信息
杂志上有关目的地的剪报，或者旅行日程、地图等都贴在洗手间的墙上。这么做，信息自然而然就记在了脑子里，而且也能展示给同行的丈夫看。

信息用文件夹整理
之后旅行要用到的地图、资料、目的地信息，都整理归档在文件夹中。手机里也存有一份电子版。

做好了周密准备，心也似乎已在路途

　　可以这么说，我的旅行从准备阶段就已经开始了。"这地方真想去看看啊。"有了这种想法时，已进入了旅行的第一步。听别人说有个地方"非常棒"，或是看见杂志上刊登的绝佳旅馆……把打动你的信息储存进手帐、手机里，这时候的兴奋感对我来说是一种无可替代的幸福。

　　旅行这件事，也是我和丈夫共同的乐趣。再坚持几个月，还有几个礼拜，一场旅行正等待着我们——对我们来说，这无疑是每天生活的动力。正因如此，

| **part 5** | 旅行

准备好路上听的音乐

如果是开车旅行的话，记住一点，坐副驾驶的人要成为 DJ 一样的角色。在 iTunes 里存入数量庞大的歌曲，做个播放清单，到时候放出来会很开心。

选择重视旅馆的旅行方式

如前所述，大家在旅行方面看重住宿旅馆的程度年年递增。先确定好想去住的旅馆，然后再开始做旅行计划，我也经常会这样安排顺序。

把房间整理好

出发旅行之前，我会把房间整理干净。这样一来，旅行回来后就可以立即放松下来，不自觉会想"还是家里最好呀"。

把点心放进密封袋里

开过封的东西，只要放进密封袋里就不会乱撒了。里面装满分装包好的点心，挑的时候也会很开心。

每次旅行结束回去的时候，丈夫都会一副意志消沉的样子，有时还会说出这样的话："啊，快乐的时光要结束了……咱们早点计划下次旅行吧！"

所以做旅行计划这个任务，就由最喜欢做计划的我来承担。自制地图、各种预约等，一点点地向着旅行出发而慢慢做准备，这时我的心也会随之像张开翅膀飞向了旅行地一样。所谓旅行，不仅是旅行中的过程，为旅行做准备也是一种乐趣。

最难的地方在于和大忙人的丈夫、朋友确认旅行时间。因此一旦决定了具体日程，通常就会果断行动。为了像这样可以立刻动身，平时我就十分重视信息的积累。

第二步，收拾行李

"坚定的轻装派"的行李里有什么？

因为我希望自己的旅行是轻装上阵，因此行李基本上来说"越少越好"。即便没带行李箱之类的大件行李，我也总是带着一个手提包，外加一个放有贵重物品的小包，这样就完全足够。长时间旅行的话，我会把手提包换成双肩包。

包里的东西，会根据不同用途分装好。这样一来，就不用老是为了找东西翻来翻去，旅馆房间也不会弄得乱七八糟。与家居收纳同理，想用的东西能够马上拿到手，这也是旅行行李收纳的要点。

| **part 5** | 旅行

第二天的替换衣物

放入无印良品的"分装袋"中。第二天的替换衣物,按一整套一整套的收纳方式放进布手巾里。连日住宿的话,可以按住宿天数分开装。旅行时,轻便的布手巾比起一般毛巾干得更快,强力推荐。

洗脸道具

无印良品的"吊挂式洗脸用具包"里,放有洗脸用具、化妆品、房间香氛喷雾等物品。到达住宿地后,只要把整个包挂在洗脸台附近就OK了。

小包

可放贵重物品和旅行指南之类的东西,便于随身携带。如果旅行途中想要逛逛小店什么的,没有必要带着放有替换衣物、洗脸用具等物品的大包。有了这样的小包,就会很方便。

洗澡准备

尼龙材质的小布包里,放着洗澡用具、替换的内衣裤和布手巾。到达住宿处后,只要拎起这一个小布包去澡堂(浴室)就OK了。旅行结束要回去时,则可以改放要洗的衣物。

> 旅行开始!
>
> # 第1天
>
> 埼玉 ▸▸ 松本
> 8:00   11:00

车内空间也要舒适

车里要是弥漫着自己喜欢的香气,可以大幅提升旅行的舒畅感。通常我会选用"MARKS&WEB"牌的薄荷香味喷雾。

拒绝晒黑!

开车时戴好太阳眼镜,在手臂上穿好专用护套。待在车内意外地容易晒黑。而且长时间曝晒在日光下,还会损耗体力。

旅途伴侣,爱车第一

  我出外旅行时基本上都会开车。因为喜欢驾车,所以在陌生的土地上行驶这件事本身对我来说就是个节目。而且最棒的一点是,可以轻松地不断转换场所,这也是驾车的魅力。由于想要逛的地方有很多,所以能够不必在意等待时间、高效地在旅行地转悠这一点很重要。

  当然,驾车旅行的话,在车里的时间会变长。所以我一直很注意让自己在车里时,感觉就像在房间里一样舒适。喷上香氛,放点音乐……在前往目的地的路途中,也想好好享受时光。

| part 5 | 旅行

11:15 在"民艺茶房MARUMO"休息

旅行目的地的咖啡馆时间

在旅行地发现很棒的茶馆或咖啡馆时,总能让人心情雀跃。我喜欢在店里找个"想坐下来的椅子",这把椅子如果实际坐上去还很舒适的话,我甚至可以和朋友在那里聊着天待上好几个小时。我一直认为,虽然是在旅行地,也不一定得去那些观光景点。能让我悠闲度过旅行时光的友人,我都会视为珍宝一般的存在。

民艺茶房 MARUMO
在建筑年龄超过 120 年、建有仓库的旅馆一角经营着的茶馆。松本当地的民艺家具、古董灯具让人着迷。
地址 长野县松本市中央 3-3-10
营业时间:4~10 月 8:00~18:00、
11~3 月 9:00~18:00、周末 & 节假日 8:00~18:00
固定休息日:12 月 31 日、1 月 1 日
电话:0263-32-0115

挑选基本款礼品

因为有喜欢咖啡的朋友,我在各地都会买些咖啡豆带回去作为礼物送出。他们一般都很高兴,而我在寻找礼物的过程中也很开心。给自己的礼物最多的就是器物。但总不可能每次旅行都买很多,所以如今我都是规定自己只买"既用得上,又有地方可收纳的 15cm 大小的浅碟或茶杯"。

12:15 在"10cm"购买咖啡

10 cm
木工创作者三谷龙二先生的店。摆放着我向往已久的木质餐具,还售卖自制品牌的咖啡豆。
地址 长野县松本市大手 2-4-37
营业时间:11:00~18:00
营业日:周五、周六、周日(常设展览)
电话:0263-88-6210

119

14:00
在"coto.coto"看看杂货

13:00
在"咖喱饮食店DELHI"用午餐

主营年轻创作者的作品,店内放置有各个领域的艺术作品、手工艺品。让人不自觉想特地去看一看。顺便一提,我这回一眼相中了一个圆嘟嘟的小花瓶,二话不说就带回了家。

面向中町大街的老咖喱店铺。餐品中放入了自制酸奶和当季水果,据说会用小火炖煮2天以上。最爱这里的螃蟹奶油可乐饼咖喱!店内还能观赏到店主父亲——染色家第三代泽本寿的作品。

coto.coto
2011年在中町大街开业。陈列着县内县外不同创作者的作品。 
地址:长野县松本市中央3-4-19
营业时间:10:00~18:00
固定休息日:周三
电话:0263-34-4111

咖喱饮食店DELHI
自制印度咖喱颇有人气
地址:松本市中央2-4-13
营业时间:11:00~16:00
固定休息日:周三
电话:0263-35-2408

提前选定想去的店铺

我年轻时经常会进行那种事先不订计划的"随性"旅行。但成人之后,能自由支配的时间越来越少,于是慢慢开始思考如何在有限的时间里能最大限度地享受旅行乐趣。

因此,最关键的就是事前的信息收集。选出想要去看一看的店铺,利用谷歌地图的"我的地方"(My Place)功能,就能制作出可以高效"巡游"的"我的地图"(My Map)。通过这个功能,你可以标记好计划游览的场所,测算出相互之间的距离,非常方便。打印出来交给同行者,就能成为一本非常棒的旅行指南。

| part 5 | 旅行

15:00
在"Galerie 灰月"观赏器物

14:30
在"开运堂"购买礼物

从此处的收集品，可以看出主人重视兼顾设计感和实用性。在质感、品相等方面都能感受到主人挑选时的重点。不会让你觉得"这个不错，那个也挺好"，而是给观赏者"这个真棒，只此无他的"一击即中"感。原创服装也很漂亮。

内芯有核桃的坚果卷很是美味。外包装上印有插画师柚木沙弥郎的可爱插图，作为礼物送给朋友的话，他们一定会很高兴。天鹅饼干"天鹅湖"也是经典款。这家店还有一个亮点——冰激凌机器人！

Galerie 灰月
主要以器物为中心，还展出有布品、配饰等。
地址：长野县松本市中央 2-2-6 2F
营业时间：11:00~18:00
固定休息日：周二、周三
电话：0263-38-0022

开运堂
创业自明治 17 年（1884 年）的松本老字号点心店
地址：长野县松本市中央 2-2-15（总店）
营业时间：9:00~18:00
固定休息日：元旦
电话：0263-32-0506

顺藤摸瓜，好店一网打尽

　　有时候会发生如下情况：走进事先计划逛的店铺，拿起放在店里的设计手册一看，发现一家符合自己喜好的新店。而且，如果有机会和店员聊聊，或许还会被介绍一些其他的推荐店铺。

　　要是距离近的话，我会直接走过去看看，这样就能发掘出全新的店铺；如果位置较远，我会马上记在笔记本上。

　　店员们在店铺运营方面都拥有非常棒的品位和极高的敏锐度。从他们口中了解情报，就可以顺藤摸瓜地不断找到喜欢的新店啦。

16:30

入住"三水馆"

把随行衣物挂进衣柜

到达住宿处后,立即把携带衣物挂进房间衣柜里。换上浴衣后,把之前一直穿在身上的和第二天也要穿的衣服,同样地挂进衣柜。这么做可以防止衣服起皱。

洗漱包挂在洗脸台附近

为了使洗脸用具、化妆品、隐形眼镜使用顺手,到达房间后,我也会把这样的洗漱包挂在洗脸台旁边。

在房间里播放音乐

随身携带"BOSE"的无线便携扩音器。可折叠的轻盈设计,便于携带。我会播放手机里的音乐放松一下。

三水馆

尽享山林风情的温泉旅馆。

伫立于鹿教汤温泉深处,是一家别具韵味的小旅馆,共有 7 间客房。里头的家具、器具等每一件生活用品,都能让你感受到主人的待客之道。

地址 长野县上田市西内 1866-2-
电话 0268-44-2731

把旅馆的房间变成自己的房间

如同把自己家整理得便于居住一样,我在住旅馆的时候,也会把房间安排得很方便。更进一步来说,应该是一种接近于平时生活的状态。一到旅馆,马上打开行李,把里头的物品放在房间各个角落。比如将洗漱包置于洗脸台,把替换衣物挂在衣架上。然后放个音乐,喷点室内香氛喷雾。

不是包放下就不管了,而是要把带来的物品拿出来,让它们各归其位。这么一来,要用什么东西的时候就不会每次都得去包里翻找了,也能防止发生好不容易带来的东西最后却忘记用上的尴尬情况。为了用上才带上的物品,要让它们处于最方便使用的状态。这一点,与家具收纳可谓别无二致吧。

| part 5 | 旅行

10:30
退房

第 2 天

松本 ▶▶ 上田
10:30   11:30

1. 在住宿处享用早餐。慢慢品尝新鲜的当地食材，也是一种幸福。2. 早晨泡温泉用套装。3. 三水馆的招牌猫，名叫"喵藏"。4. 打包行李，准备回去。要点在于把要洗的衣物归在一处。5. 在晒台上度过早餐后的咖啡时光。

旅行地的晨间时光

在外面住宿的时候，我喜欢在早餐前后到寄宿地周边散散步。小溪潺潺，眼前满是幽静的田园风光……呼吸着平时无法感受到的晨间清新空气，真是奢侈呀。

退房当天早晨打包行李时，我会注意采取特殊的方式，这样即使之后拖着一身疲惫回家，也能轻松整理行李。细长形的用品放在固定位置，要洗的衣物则放在一个荷包里。推荐出门旅行时带些穿旧了的T恤衫等，要回家时直接扔掉就行。

11:45

在"饭岛商店"购入土特产

熟悉的
"MISUZU 糖"

"四季果酱"
这瓶是杏子味

总店的西式建筑，建于大正 13 年（1924 年）。来到这里，能感受到当地浓浓的历史氛围。

饭岛商店
因"MISUZU 糖"而闻名的上田老字号店铺。
地址：长野县上田市中央 1-1-21
营业时间：10:00~18:00
固定休息日：元旦
电话：0268-23-2150

13:00

在"Levain"吃午饭

Levain
地址：长野县上田市中央 4-7-31
营业时间：9:00~18:00
（café 区 11:30~17:00，最后点单时间 16:30）
固定休息日：周三、每月第 1 个星期四
TEL：0268-26-3866

在参加某次展会时，偶然品尝到它的美味。从此以后每次来上田，我必定会折进 Levain 看一看，买点面包回去。这次是第一次来到 2 楼的咖啡区域吃午餐。味道好极了。

124

| **part 5** | 旅行

15:45

在"haluta tokida"
看杂货

14:30

在"haluta packing case"
看家具

haluta 各个门店经营着家具、杂货、衣服。其中有许多东西是我中意的风格，比如北欧复古风格等。在网上也可购买。最近，我在神田分店买了一张桌子。

离 packing case 稍有段距离的 tokida，位于上田大街。店里设有可爱的杂货区域和漂亮的咖啡馆。

haluta tokida
去年秋天，在东京神田的 ecute 也开了分店。
地址：上田市中央 2-14-31
营业时间：11:45~19:00
固定休息日：周二
电话：0268-27-9826

17:00　踏上归程

20:30　到达琦玉

haluta packing case
1322 平方米之大的仓库兼展示间，堆满了北欧家具、各种杂货，另有国内严选的服饰区。
地址：上田市御所 583
营业时间：10:00~18:00
固定休息日：周二
电话：0268-71-3005

旅行所求，无非日常之事

　　旅行于我而言，也是为了寻找日常生活中能用到的物品。如果在旅行地买了平时会用到的东西，那么每次用的时候，就会回忆起旅行时的记忆和当下的氛围，更添一份怀恋。

　　机会难得，所以事先调查好只在当地才卖某样东西的店铺，这是很重要的。但是，请一定注意，不要被"反正难得嘛"的想法捆绑住，勉强购买那些实际上并不需要的东西。没有比处理掉充满回忆的"废品"更让自己为难的事情了。

后　记

　　从小时候起，我就非常爱看吉卜力电影《魔女宅急便》，反复看过几十遍。由于魔女有13岁开始必须离开父母独立修行的惯例，主人公琪琪某天夜晚离开了家，为了寻求新生活，来到一处陌生的地方。有个场景我尤其喜欢，在琪琪寄住的那家面包店里，她使劲擦洗着分配到的房顶屋子的地板；"好嘞！接下来去买东西吃"，然后去超市找马克杯、平底锅等日用品。琪琪把自己的小日子打理得有模有样，实在太有魅力了，给我留下了生动的印象。

　　对我来说，琪琪就如同是生活大师一般的存在，是她教会了我，想要享受生活，重要的是首先好好整理作为基础的"房子/家"。

　　于我而言，"家"是……

　　辛苦工作后，温柔迎接我一身疲累的地方。

　　就算带着烦躁情绪，只要一关上家门，打开电灯，心烦气躁就已经消解了一半的地方。

　　期盼着书店发售日，终于入手等待了许久的书，抱着愉快心情回去的地方。

　　与心底里信任的家人们编织每天生活的地方……

　　以这样的家为舞台，日子一天一天地过。点缀着自己认同的"喜欢"和"舒适"感，拥有多彩的生活，是一件无比幸福的事。真心希望阅读本书的各位读者，也能收获众多快乐。

由于在之前一本书制作过程中建立的信任，这次能有幸再与我们这一团队合作出版此书，我觉得十分幸运。并且，借此机会，我要向一直以来给予我鼓励的整理收纳服务的客户们、浏览我个人博客的网友们，表示衷心感谢，非常谢谢大家。

本多沙织

图书在版编目（CIP）数据

打理生活：65个增添幸福感的收纳习惯 /（日）本多沙织著；陈怡萍译 . -- 长沙：湖南美术出版社，2018.2

ISBN 978-7-5356-8282-6

Ⅰ. ①打… Ⅱ. ①本… ②陈… Ⅲ. ①家庭生活－基本知识 Ⅳ. ① TS976.3

中国版本图书馆 CIP 数据核字 (2017) 第 316043 号

KATADUKETAKUNARU HEYA–DUKURI 2 by Saori Honda
Copyright © Saori Honda 2014
All rights reserved.
Original Japanese edition published by Wani Books Co., Ltd.

This Simplified Chinese edition is published by arrangement with
Wani Books Co., Ltd, Tokyo in care of Tuttle–Mori Agency, Inc., Tokyo
through Bardon–Chinese Media Agency, Taipei

本书中文简体版由银杏树下（北京）图书有限责任公司出版发行。

著作权合同登记号：图字18-2017-301

打理生活：65个增添幸福感的收纳习惯
DALI SHENGHUO: 65 GE ZENGTIAN XINGFUGAN DE SHOUNA XIGUAN

著　　者：[日]本多沙织	译　　者：陈怡萍
出 版 人：黄　啸	选题策划：后浪出版公司
出版统筹：吴兴元	编辑统筹：王　頔
特约编辑：俞凌波	责任编辑：贺遭沙
营销推广：ONEBOOK	装帧制造：7拾3号工作室
出版发行：湖南美术出版社　后浪出版公司	印　　刷：北京盛通印刷股份有限公司
开　　本：889×1194　1/32	字　　数：80千字
印　　张：4	
版　　次：2018年2月第1版	印　　次：2018年2月第1次印刷
书　　号：ISBN 978-7-5356-8282-6	
定　　价：38.00元	

读者服务：reader@hinabook.com 188-1142-1266　　投稿服务：onebook@hinabook.com 133-6631-2326
直销服务：buy@hinabook.com 133-6657-3072　　网上订购：www.hinabook.com（后浪官网）

后浪出版咨询（北京）有限责任公司 常年法律顾问：北京大成律师事务所　周天晖 copyright@hinabook.com
未经许可，不得以任何方式复制或抄袭本书部分或全部内容
版权所有，侵权必究

本书若有质量问题，请与本公司图书销售中心联系调换。电话：010-64010019